高职高专土木工程类高水平专业群系列教材

建设工程监理试题库

主　编　魏应乐　夏　璐　乔守江

副主编　张新丰　黄　昭　汤发明

主　审　刘先春

中国水利水电出版社

www.waterpub.com.cn

·北京·

内 容 提 要

本试题库是在《全国监理工程师资格考试大纲》和"工程监理"课程标准的基础上，结合高职高专教育特点，以国家现行规程规范为依据编制的。本书共包括10章，分别是：建设工程监理基本知识，监理人员与监理企业，建设工程投资控制，建设工程项目质量控制，建设工程项目进度控制，建设工程安全监理，建设工程项目合同管理与风险管理，建设工程监理的信息管理与资料管理，建设工程监理组织，建设工程监理规划与监理实施细则。书后附试题答案。

本书可作为高职高专院校、高等专科学校、成人教育学院的建筑工程技术、建筑工程管理等专业教学参考用书，满足职业教育双证制的要求，也可供广大专业技术人员作为职业资格考试的参考书。

图书在版编目（CIP）数据

建设工程监理试题库 / 魏应乐，夏璐，乔守江主编
. -- 北京 ： 中国水利水电出版社，2022.7
高职高专土木工程类高水平专业群系列教材
ISBN 978-7-5226-0818-1

Ⅰ. ①建… Ⅱ. ①魏… ②夏… ③乔… Ⅲ. ①建筑工程－监理工作－高等职业教育－教材 Ⅳ. ①TU712.2

中国版本图书馆CIP数据核字(2022)第114645号

书　　名	高职高专土木工程类高水平专业群系列教材 **建设工程监理试题库** JIANSHE GONGCHENG JIANLI SHITIKU
作　　者	主编　魏应乐　夏　璐　乔守江 副主编　张新丰　黄　昭　汤发明 主审　刘先春
出版发行	中国水利水电出版社 （北京市海淀区玉渊潭南路1号D座　100038） 网址：www.waterpub.com.cn E-mail：sales@mwr.gov.cn 电话：(010) 68545888（营销中心）
经　　售	北京科水图书销售有限公司 电话：(010) 68545874、63202643 全国各地新华书店和相关出版物销售网点
排　　版	中国水利水电出版社微机排版中心
印　　刷	天津嘉恒印务有限公司
规　　格	184mm×260mm　16开本　12.25印张　290千字
版　　次	2022年7月第1版　2022年7月第1次印刷
印　　数	0001—2000册
定　　价	**39.00元**

前　言

　　本书是《建设工程监理(第2版)配套教材》,内容紧跟近年来我国建设监理行业不断颁布、修订的相关法律、法规和标准,以及建设工程监理理论、实践的最新成果,并加入了监理工程师考试真题及多项选择题。

　　本书由安徽水利水电职业技术学院魏应乐、夏璐、乔守江任主编,合肥科技职业学院张新丰、广州市广州工程建设监理有限公司黄昭、安徽禹尧工程建设有限公司汤发明任副主编。全书由魏应乐整理并统稿,由安徽水利水电职业技术学院刘先春任主审。具体分工如下:广州市广州工程建设监理有限公司季美红编写第1章、第2章,安徽水利水电职业技术学院夏璐编写第4章、第5章,安徽水利水电职业技术学院乔守江编写第3章、第9章,广州市广州工程建设监理有限公司黄昭编写第6章,合肥科技职业学院张新丰编写第7章,安徽龙飞工程建设监理咨询有限公司杨婷编写第8章,安徽禹尧工程建设有限公司汤发明编写第10章。

　　由于编者水平有限,加之时间仓促,书中难免存在疏漏之处,恳请广大读者批评指正。

编者

2022年5月

目　　录

第1章 建设工程监理基本知识

一、单项选择题

1. 工程监理单位在进行工程监理的过程中，其权限是（　　）。
   - A. 建设单位授权的结果
   - B. 工程监理公平性体现
   - C. 政府部门授权的结果
   - D. 施工单位的委托

2. 实行工程监理的过程中，工程监理任务的受托方是（　　）。
   - A. 监理单位　　　B. 建设单位　　　C. 施工单位　　　D. 设计单位

3. 下列选项中，属于建设工程监理的是（　　）。
   - A. 建设单位自行管理
   - B. 工程总承包单位对分包单位的监督管理
   - C. 监理单位对施工单位的管理
   - D. 政府主管部门的监督管理

4. 建设工程监理的基本任务决定了工程监理具有（　　）。
   - A. 服务性　　　B. 科学性　　　C. 独立性　　　D. 公平性

5. 建设工程监理的性质可概括为科学性、独立性和（　　）。
   - A. 公正性、创新性
   - B. 创新性、服务性
   - C. 服务性、公平性
   - D. 公平性、公开性

6. 建设工程监理应有一套健全的管理制度和科学的管理方法，这体现了工程监理的（　　）。
   - A. 服务性　　　B. 独立性　　　C. 科学性　　　D. 公平性

7. 关于建设工程监理的说法，错误的是（　　）。
   - A. 履行建设工程安全生产管理的法定职责，是工程监理单位的社会责任
   - B. 工程监理单位履行法律赋予的社会责任，具有工程建设重大问题的决策权
   - C. 建设工程监理应当由具有相应资质的工程监理单位实施
   - D. 工程监理单位与被监理工程的施工承包单位不得有隶属关系

8. 建设单位委托工程监理单位的工作内容中，不属于"相关服务"内容的是（　　）。
   - A. 设计　　　B. 施工　　　C. 勘察　　　D. 保修

9. 根据《建设工程监理范围和规模标准规定》，下列工程中，不属于必须实行监理工程范围的是（　　）。
   - A. 4 万 m² 住宅建设工程
   - B. 亚洲开发银行贷款工程
   - C. 总投资 3000 万元以上的大中型市政工程
   - D. 总投资 3000 万元以上的基础设施工程

10. 根据《建设工程监理范围和规模标准规定》，必须实行监理的工程是（   ）。
   A. 总投资额 2500 万元的影剧院工程
   B. 总投资额 2500 万元的生态环境保护工程
   C. 总投资额 2500 万元的水资源保护工程
   D. 总投资额 2500 万元的新能源工程

11. 在开展工程监理的过程中，当建设单位与施工单位发生利益冲突或矛盾时，工程监理单位应以事实为依据，以法律法规和有关合同为准绳，在维护建设单位的合法权益的同时，不能损害施工单位的合法权益，这表明建设工程监理具有（   ）。
   A. 公正性   B. 自主性   C. 独立性   D. 公平性

12. 建设工程监理行业能够长期生存和发展的基本职业道德准则是（   ）。
   A. 服务性   B. 科学性   C. 独立性   D. 公平性

13. 《中华人民共和国建筑法》规定，工程监理单位与被监理工程的承包单位以及建筑材料、建筑构配件和设备供应单位不得有隶属关系或者其他利害关系，这体现了建设工程监理性质中的（   ）。
   A. 科学性   B. 服务性   C. 独立性   D. 公平性

14. 工程监理单位签订工程监理合同后，组建项目监理机构，严格按法律、法规和工程建设标准等实施监理，这体现了建设工程监理的（   ）。
   A. 服务性   B. 科学性   C. 独立性   D. 公平性

15. 国家重点建设工程是指对国民经济和社会发展有重大影响的骨干项目，国家重点建设工程不包括（   ）。
   A. 支柱产业中的大型项目
   B. 基础设施中的大型项目
   C. 高科技并能带动行业技术进步的项目
   D. 跨地区的项目

16. 下列各类建设工程中，属于《建设工程监理范围和规模标准规定》中规定的必须实行监理的是（   ）。
   A. 投资总额 2000 万元的学校工程
   B. 投资总额 2000 万元的科技、文化工程
   C. 投资总额 2000 万元的社会福利工程
   D. 投资总额 2000 万元的道路、桥梁工程

17. 《建设工程监理范围和规模标准规定》，总投资额为 2500 万元的（   ）项目必须实行监理。
   A. 供水工程   B. 邮政通信   C. 生态环境保护   D. 体育场馆

18. 5 万平方米以下的住宅建设工程，可以实行监理，具体范围和规模标准，由（   ）人民政府建设行政主管部门规定。
   A. 国务院   B. 省、自治区、直辖市

C. 县级   D. 地市级

19. 根据《建设工程监理范围和规模标准规定》，建筑面积在（   ）万平方米以上的住宅建设工程必须实行监理。

A. 5   B. 4   C. 3   D. 2

20. 在《建设工程质量管理条例》中规定，工程监理单位超越本单位资质等级承揽工程的，将被处以合同约定监理酬金（   ）的罚款。

A. 2 倍以上 5 倍以下   B. 3 倍以上 5 倍以下

C. 1 倍以上 3 倍以下   D. 1 倍以上 2 倍以下

21. 工程监理人员发现工程设计不符合建筑工程质量标准或者合同约定的质量要求的，应当报告（   ）要求设计单位改正。

A. 建设单位   B. 监理单位   C. 总承包单位   D. 建设行政主管部门

22. 根据《建设工程质量管理条例》，未经（   ）签字，建筑材料、建筑构配件和设备不得在工程上使用或者安装，施工单位不得进行下一道工序的施工。

A. 监理工程师   B. 总监理工程师   C. 监理员   D. 建设单位代表

23. 未经（   ）签字，建设单位不拨付工程款，不进行竣工验收。

A. 专业监理工程师   B. 总监理工程师

C. 总监理工程师代表   D. 建设单位代表

24. 在《建设工程安全生产管理条例》中规定，注册监理工程师未执行法律、法规和工程建设强制性标准，情节严重的，（   ）。

A. 终身不予注册

B. 依照刑法有关规定追究刑事责任

C. 责令停止执业 3 个月以上 1 年以下

D. 吊销执业资格证书，5 年内不予注册

25. 根据《建设工程安全生产管理条例》的规定，工程监理单位未对施工组织设计中的安全技术措施或者专项施工方案进行审查的，责令限期改正；逾期未改正的，责令停业整顿，并处（   ）的罚款；情节严重的，降低资质等级、直至吊销资质证书。

A. 1 万元以上 5 万元以下   B. 5 万元以上 10 万元以下

C. 10 万元以上 30 万元以下   D. 30 万元以上 50 万元以下

26. 根据《建设工程质量管理条例》相关规定，监理工程师因过错造成质量事故，情节特别恶劣的，（   ）。

A. 责令停止执业 1 年   B. 吊销执业资格证书

C. 5 年内不予注册   D. 终身不予注册

27. 根据《建设工程安全生产管理条例》，注册监理工程师未执行法律、法规和工程建设强制性标准，造成重大安全事故的，（   ）。

A. 责令停止执业 3 个月以上 1 年以下

B. 吊销执业资格证书，5 年内不予注册

C. 终身不予注册

D. 对造成的损失依法承担赔偿责任

28. 根据《国务院关于投资体制改革的决定》，对于采用资本金注入方式的政府投资工程，政府需要审批（　　）。

A. 资金申请报告和概算　　　　　　B. 开工报告和施工图预算

C. 初步设计和概算　　　　　　　　D. 项目建议书和开工报告

29. 如果初步设计提出的总概算超过可行性研究报告总投资的（　　）以上或其他主要指标需要变更时，应说明原因和计算依据，并重新向原审批单位报批可行性研究报告。

A. 5％　　　　　　B. 10％　　　　　　C. 15％　　　　　　D. 20％

30. 下列选项中，签订监理合同是业主在工程（　　）阶段的工作。

A. 设计　　　　　　B. 施工安装　　　　　　C. 建设准备　　　　　　D. 生产准备

31. 下列选项中，建设工程初步设计是根据（　　）的要求进行具体实施方案的设计。

A. 可行性研究报告　　　　　　　　B. 项目建议书

C. 使用功能　　　　　　　　　　　D. 批准的投资额

32. 下列选项中，属于工程建设程序中设计紧后程序的是（　　）。

A. 策划　　　　　　B. 施工　　　　　　C. 技术设计　　　　　　D. 交付使用

33. 根据《国务院关于投资体制改革的决定》，对于企业不使用政府资金投资建设的工程，视情况实行的是（　　）。

A. 审核制或备案制　　　　　　　　B. 核准制或备案制

C. 审批制或审核制　　　　　　　　D. 核准制或审批制

34. 某工程，施工单位于3月10日进入施工现场开始搭设临时设施，3月15日开始拆除旧有建筑物，3月25日开始永久性工程基础正式打桩，4月10日开始平整场地。该工程的开工时间为（　　）。

A. 3月10日　　　　　　B. 3月15日　　　　　　C. 3月25日　　　　　　D. 4月10日

35. 在勘察设计阶段，当初步设计提出的总概算超过可行性研究报告总投资的15％时，应当采取的措施是（　　）。

A. 重新编制项目建议书　　　　　　B. 重新编制可行性研究报告

C. 重新评估可行性研究报告　　　　D. 重新向原审批单位报批可行性研究报告

36. （　　）是投资成果转入生产或使用的标志，也是全面考核工程建设成果、检验设计和施工质量的关键。

A. 隐蔽工程验收　　　　　　　　　B. 工程预验收

C. 竣工结算　　　　　　　　　　　D. 工程竣工验收

37. 对于特别重大的政府投资工程，需要实行的是（　　）。

A. 专家评议制度　　　　　　　　　B. 核准

C. 备案　　　　　　　　　　　　　D. 专家评审

38. 下列选项中，不属于建设单位办理质量监督注册手续时需提供的资料的是（   ）。

A. 施工图设计文件审查报告

B. 中标通知书

C. 建设单位、施工单位和监理单位工程项目的负责人和机构组成

D. 施工组织设计和监理大纲

39. 大量土石方工程的铁路工程，以（   ）作为正式开工日期。

A. 任何一项永久性工程第一次正式破土开槽的开始日期

B. 临时建筑开始施工的日期

C. 正式开始打桩的日期

D. 开始进行土石方工程施工日期

40. 在施工图审查机构审查施工图时，不属于审查的主要内容的是（   ）。

A. 施工组织设计

B. 是否符合工程建设强制性标准

C. 地基基础和主体结构的安全性

D. 勘察设计企业和注册执业人员以及相关人员是否按规定在施工图上加盖相应的图章和签字

41. 下列选项中，建设工程进入工程质量保修期的时间为（   ）。

A. 提交竣工验收报告之日起   B. 竣工验收之日起

C. 竣工验收合格之日起   D. 竣工验收合格后 15 日起

42. 下列选项中，不属于工程项目在开工建设之前，要切实做好各项准备工作的是（   ）。

A. 组建生产管理机构   B. 征地、拆迁和场地平整

C. 准备必要的施工图纸   D. 办理工程质量监督和施工许可手续

43. 工程项目在开工建设之前要切实做好各项准备工作，其主要内容不包括（   ）。

A. 征地、拆迁和场地平整

B. 准备必要的施工图纸

C. 办理工程质量监督和施工许可手续

D. 组织生产管理机构，制定管理有关制度和规定

44. 与传统"碎片化"咨询相比，全过程工程咨询具有自己的特点，以下不属于其特点的是（   ）。

A. 咨询服务范围广   B. 强调智力性策划

C. 可控性强   D. 实施多阶段集成

45. 诚信是企业经营理念、经营责任和（   ）的集中体现。

A. 经营方针   B. 经营目标   C. 经营业绩   D. 经营文化

46. 根据《中华人民共和国民法典》，下列各类合同中，属于可变更或可撤销合同的是（   ）。

A. 以合法形式掩盖非法目的的合同

B. 损害社会公共利益的合同

C. 一方以胁迫手段订立的合同

D. 恶意串通损害集体利益的合同

47. 招标文件要求中标人提交履约保证金的，中标人应当按照招标文件的要求提交。履约保证金不得超过中标合同金额的（　　）。

A. 2%　　　　　B. 5%　　　　　C. 10%　　　　　D. 20%

48. 根据《中华人民共和国招标投标法》，招标人对已发出的招标文件进行修改的，应当在招标文件要求提交投标文件截止时间至少（　　）日前，通知所有招标文件收受人。

A. 15　　　　　B. 20　　　　　C. 30　　　　　D. 60

49. 根据《建设工程质量管理条例》，施工单位在施工过程中发现设计文件和图纸有差错的，应当（　　）。

A. 及时提出意见和建议　　　　　B. 要求设计单位改正

C. 报告建设单位要求设计单位改正　　　D. 报告监理单位要求设计单位改正

50. 建设单位领取了施工许可证，但因故不能按期开工，应当向发证机关申请延期，延期（　　）。

A. 以两次为限，每次不超过 3 个月　　　　B. 以一次为限，最长不超过 3 个月

C. 以两次为限，每次不超过 1 个月　　　　D. 以一次为限，最长不超过 1 个月

51. 《建设工程安全生产管理条例》规定，施工单位专职安全生产管理人员发现安全事故隐患，应当及时向项目负责人和（　　）报告。

A. 监理机构　　　　　　　　　B. 安全生产管理机构

C. 建设单位　　　　　　　　　D. 建设主管部门

52. 某工地发生钢筋混凝土预制梁吊装脱落事故，造成 6 人死亡，直接经济损失 900 万元，该事故属于（　　）。

A. 特别重大生产安全事故　　　　　B. 重大生产安全事故

C. 较大生产安全事故　　　　　　　D. 一般生产安全事故

53. 《中华人民共和国建筑法》规定，建筑工程主体结构的施工原则是（　　）。

A. 经总监理工程师批准，可以由总承包单位分包给具有相应资质的其他施工单位

B. 经建设单位批准，可以由总承包单位分包给具有相应资质的其他施工单位

C. 可以由总承包单位分包给具有相应资质的其他施工单位

D. 必须由总承包单位自行完成

54. 依法必须进行招标的项目，招标人应当自确定中标人之日起（　　）日内，向有关行政监督部门提交招标投标情况的书面报告。

A. 15　　　　　B. 20　　　　　C. 30　　　　　D. 60

55. 根据《中华人民共和国招标投标法》，下列表述正确的是（　　）。

A. 中标通知书发出后，招标人改变中标结果的，应当依法承担法律责任

B. 中标通知书发出后，中标人放弃中标项目的，不承担法律责任

C. 中标人在收到中标通知书之前，可以放弃中标项目，且不承担法律责任

D. 中标人在收到中标通知书之后，中标人放弃中标项目的，应当承担法律责任

56. 下列选项中，建设工程项目管理服务合同属于（　　）。
   A. 委托合同　　　　B. 承揽合同　　　　C. 技术合同　　　　D. 建设工程合同

57. 《建设工程质量管理条例》规定，有防水要求的卫生间最低保修期限为（　　）。
   A. 1　　　　　　　B. 2　　　　　　　C. 3　　　　　　　D. 5

58. 根据《建设工程质量管理条例》，在正常使用条件下，设备安装和装修工程的最低保修期限为（　　）年。
   A. 1　　　　　　　B. 2　　　　　　　C. 3　　　　　　　D. 5

59. 根据《建设工程质量管理条例》，施工单位的质量责任和义务是（　　）。
   A. 工程开工前，应按照国家有关规定办理工程质量监督手续
   B. 工程完工后，应组织竣工预验收
   C. 施工过程中，应立即改正所发现的设计图纸差错
   D. 隐蔽工程在隐蔽前，应通知建设单位和建设工程质量监督机构

60. 根据《建设工程安全生产管理条例》，下列达到一定规模的危险性较大的分部分项工程中，需由施工单位组织专家对专项施工方案进行论证、审查的是（　　）。
   A. 起重吊装工程　　　　　　　　　B. 脚手架工程
   C. 高大模板工程　　　　　　　　　D. 拆除、爆破工程

61. 下列选项中，重大生产安全事故由（　　）组织事故调查组进行调查。
   A. 县级人民政府　　　　　　　　　B. 省级人民政府
   C. 设区的市级人民政府　　　　　　D. 国务院或者国务院授权有关部门

62. 根据《生产安全事故报告和调查处理条例》，单位负责人接到事故报告后，应当于（　　）小时内向事故发生地县级以上人民政府安全生产监督管理部门和负有安全生产监督管理职责的有关部门报告。
   A. 1　　　　　　　B. 2　　　　　　　C. 8　　　　　　　D. 24

63. 下列应当公开招标的是（　　）。
   A. 受自然环境限制，只有少量潜在投标人可供选择
   B. 采用公开招标方式的费用占项目合同金额的比例过大
   C. 技术复杂、有特殊要求，只有少量潜在投标人可供选择
   D. 国有资金占控股或者主导地位的依法必须进行招标的项目

64. 根据《招标投标法实施条例》，下列说法错误的是（　　）。
   A. 履约保证金不得超过中标合同金额的15%
   B. 招标人和中标人不得再行订立背离合同实质性内容的其他协议
   C. 评标委员会成员拒绝在评标报告上签字或又不书面说明其不同意见和理由的，视为同意评标结果

D. 招标人最迟应当在书面合同签订后 5 日内向中标人和未中标的投标人退还投标保证
金及银行同期存款利息

65. 根据《招标投标法实施条例》，潜在投标人对招标文件有异议的，应当在投标截止时间（　　）日前提出。
A. 2 　　　　　　B. 3 　　　　　　C. 5 　　　　　　D. 10

66. 根据《招标投标法实施条例》，招标人最迟应在书面合同签订后（　　）日内向中标人和未中标的投标人退还投标保证金及银行同期存款利息。
A. 3 　　　　　　B. 5 　　　　　　C. 10 　　　　　　D. 15

67. 下列选项中，对于联合体承包描述正确的是（　　）。
A. 大型建筑工程可以由两个以上承包单位联合共同承包
B. 联合体承包单位，应按照资质等级高的单位承揽工程
C. 结构复杂的建筑工程不可以由两个以上承包单位联合共同承包
D. 共同承包的各方对承包合同的履行各自承担责任

68. 施工中发生事故时，下列单位中，应当采取紧急措施减少人员伤亡和事故损失，并按照国家有关规定及时向有关部门报告的是（　　）。
A. 建设单位 　　　B. 监理单位 　　　C. 设计单位 　　　D. 施工企业单位

69. 下列选项中，招标人和中标人应当自中标通知书发出之日起（　　）日内，按照招标文件和中标人的投标文件订立书面合同。
A. 7 　　　　　　B. 15 　　　　　　C. 20 　　　　　　D. 30

70. 根据《中华人民共和国招标投标法》中规定，依法必须进行招标的项目，自招标文件开始发出之日起至投标人提交投标文件截止之日止，最短不得少于（　　）日。
A. 14 　　　　　　B. 15 　　　　　　C. 20 　　　　　　D. 30

71. 开标应当在（　　）的主持下，在招标文件确定的提交投标文件截止时间的同一时间公开进行。
A. 招标人 　　　　　　　　　　B. 投标人
C. 建设行政主管部门 　　　　　D. 评标委员会

72. 根据《中华人民共和国招标投标法》中规定，依法必须进行招标的项目，其评标委员会中技术、经济等方面的专家不得少于成员总数的（　　）。
A. 1/2 　　　　　　B. 1/3 　　　　　　C. 2/3 　　　　　　D. 3/4

73. 依据《中华人民共和国民法典》中规定，寄送的价目表属于（　　）。
A. 要约 　　　　　B. 承诺 　　　　　C. 投标须知 　　　　　D. 要约邀请

74. 下列选项中，与限制民事行为能力人订立的合同属于（　　）。
A. 无效合同 　　　B. 效力待定合同 　C. 可变更合同 　　　D. 可撤销合同

75. 合同转让是合同变更的一种特殊形式，合同转让不是变更合同中规定的权利义务内容，而是变更合同的（　　）。

A. 主体   B. 客体   C. 标的物   D. 权利

76. 下列选项中，约定的违约金低于造成的损失的，当事人可以请求（ ）予以增加。

A. 监理单位   B. 人民法院   C. 人民检察院   D. 建设行政主管部门

77. 下列选项中，收受定金的一方不履行约定债务的，应当返还（ ）倍定金。

A. 1   B. 2   C. 3   D. 4

78. 根据《建设工程质量管理条例》规定，外墙面的防渗漏最低保修期限为（ ）年。

A. 1   B. 2   C. 3   D. 5

79. 根据《建设工程质量管理条例》规定，建设工程承包单位在向建设单位提交工程竣工验收报告时，应当向（ ）出具质量保修书。

A. 建设单位   B. 设计单位   C. 监理单位   D. 质量监督部门

80. 根据《建设工程质量管理条例》规定，建设单位应当自建设工程竣工验收合格之日起（ ）日内，将建设工程竣工验收报告和规划、消防、环保等部门出具的认可文件或者准许使用文件报建设行政主管部门或者其他有关部门备案。

A. 7   B. 15   C. 30   D. 60

81. 根据《建设工程质量管理条例》规定，建设工程发生质量事故，有关单位应当在（ ）小时内向当地建设行政主管部门和其他有关部门报告。

A. 12   B. 24   C. 48   D. 72

82. 某工程安全生产事故中，造成 3 人死亡，10 人重伤，直接经济损失 5000 万元，该事故为（ ）。

A. 特别重大生产安全事故   B. 重大生产安全事故
C. 较大生产安全事故   D. 一般生产安全事故

83. 道路交通事故、火灾事故自发生之日起（ ）日内，事故造成的伤亡人数发生变化的，应当及时补报。

A. 7   B. 15   C. 30   D. 60

84. 发生重大事故以后，负责事故调查的人民政府应当自收到事故调查报告之日起（ ）日内做出批复。

A. 3   B. 7   C. 15   D. 30

85. 下列选项中，资格预审文件的发售期不得少于（ ）日。

A. 3   B. 5   C. 7   D. 14

86. 招标人在招标文件中要求投标人提交投标保证金的，投标保证金不得超过的金额是（ ）。

A. 120 万元   B. 100 万元
C. 招标项目合同价的 2%   D. 招标项目估算价的 2%

87. 某投标人在投标截止时间前书面通知招标人，撤回已提交的投标文件。招标人应当自收到投标人书面撤回通知之日起（ ）日内退还投标人提交的投标保证金。

A. 5   B. 7   C. 15   D. 30

88. 下列选项中，不属于投标人相互串通投标情形的是（   ）。
     A. 投标人之间协商投标报价等投标文件的实质性内容
     B. 投标人之间约定中标人
     C. 投标人之间约定部分投标人放弃投标或者中标
     D. 不同投标人的投标文件由同一单位或者个人编制

89. 下列选项中，不属于视为投标人串通投标情形的是（   ）。
     A. 招标人在开标前开启投标文件并将有关信息泄露给其他投标人
     B. 不同投标人委托同一单位或者个人办理投标事宜
     C. 不同投标人的投标文件载明的项目管理成员为同一人
     D. 不同投标人的投标文件异常一致或者投标报价呈规律性差异

90. 依据《建设工程监理规范》（GB/T 50319—2013），总监理工程师应组织专业监理工程师审查施工单位报送的开工报审表及相关资料，具备相关条件的，（   ）。
     A. 由总监理工程师签发开工令
     B. 由总监理工程师签署审查意见，并签发开工令
     C. 由总监理工程师签发开工令，并报建设单位
     D. 由总监理工程师签署审查意见，报建设单位批准后，总监理工程师签发开工令

91. 根据《建设工程监理规范》（GB/T 50319—2013），项目监理机构应由（   ）审查设备制造单位报送的设备制造结算文件。
     A. 监理员   B. 总监理工程师代表
     C. 专业监理工程师   D. 总监理工程师

92. 下列选项中，属于监理单位工程进度控制内容的是（   ）。
     A. 参加工程竣工验收
     B. 编写工程质量评估报告
     C. 对实际完成量与计划完成量进行比较分析
     D. 比较分析工程施工实际进度与计划进度，预测实际进度对工程总工期的影响

93. 工程开工前，项目监理机构监理人员应参加由（   ）主持召开的第一次工地会议。
     A. 施工单位   B. 建设单位   C. 监理单位   D. 总监理工程师

94. （   ）的制定是为了规范建设工程监理与相关服务行为，提高建设工程监理与相关服务水平。
     A. 《建设工程安全生产管理条例》   B. 《建设工程质量管理条例》
     C. 《建设工程勘察设计管理条例》   D. 《建设工程监理规范》

95. 根据《建设工程监理规范》（GB/T 50319—2013），总监理工程师应组织专业监理工程师审查施工单位报送的（   ）及相关资料，报建设单位批准后签发工程开工令。
     A. 施工组织设计报审表   B. 分包单位资格报审表
     C. 施工控制测量成果表   D. 开工报审表

96. 关于建设程序中各阶段工作的说法，错误的是（　　）。

    A. 在初步设计或技术设计的基础上进行施工图设计，使其达到施工安装的要求

    B. 工程开始拆除旧建筑物和搭建临时建筑物时即可算作工程的正式开始

    C. 生产准备阶段是由建设阶段转入生产经营阶段的重要衔接阶段

    D. 竣工验收是考核建设成果、检验设计和施工质量的关键步骤

97. 全过程工程咨询中，实施多阶段集成主要体现在（　　）。

    A. 从服务阶段看，全过程工程咨询覆盖项目投资决策、建设实施（设计、招标、施工）全过程集成化服务

    B. 全过程工程咨询单位要运用工程技术、经济学、管理学、法学等多学科知识和经验，为委托方提供智力服务

    C. 从服务内容看，全过程工程咨询包含技术咨询和管理咨询，而不只是侧重于管理咨询

    D. 全过程工程咨询服务不是将各个阶段简单相加，而是要通过多阶段集成化咨询服务，为委托方创造价值

二、多项选择题

1. 王某取得监理工程师执业资格后，受总监理工程师委派，进驻某建设工程项目履行监理职责，其实施监理的依据包括（　　）。

    A. 法律法规　　　　　　　　　　B. 建设工程施工合同

    C. 劳动用工合同　　　　　　　　D. 批准的施工图设计文件

    E. 招标公告

2. 下列关于建设工程监理的表述中，正确的有（　　）。

    A. 施工单位是建设工程监理任务的委托方，工程监理单位是监理任务的受托方

    B. 目前的工程监理不仅定位于工程施工阶段，而且法律法规将工程质量、安全生产管理方面的责任赋予工程监理单位

    C. 工程总承包单位对分包单位的监督管理属于工程监理

    D. 建设单位与其委托的工程监理单位应当以书面形式订立建设工程监理合同

    E. 《工程监理企业资质管理规定》《注册监理工程师管理规定》等属于监理实施依据中的部门规章

3. 根据《建设工程安全生产管理条例》，工程监理单位对施工组织设计中的相关内容进行审查，以确定其是否符合工程建设强制性标准，其审查内容包括（　　）。

    A. 施工总平面布置图　　　　　　B. 安全技术措施

    C. 专项施工方案　　　　　　　　D. 临时用电方案

    E. 施工总进度计划

4. 根据《建设工程监理范围和规模标准规定》，下列属于大中型公用事业工程的有（　　）。

    A. 项目总投资额在 3000 万元以上供水、供电、供气、供热等市政工程项目

    B. 项目总投资额在 3000 万元以上卫生、社会福利等项目

C. 项目总投资额在 3000 万元以上科技、教育、文化等项目

D. 项目总投资额在 3000 万元以上体育、旅游、商业等项目

E. 5 万 m² 以上的住宅建设工程

5. 依照《建设工程质量管理条例》相关规定，监理单位的下列行为中，将被处以责令改正，处 50 万元以上 100 万元以下的罚款，降低资质等级或者吊销资质证书处罚的有（　　）。

A. 超越本单位资质等级承揽工程

B. 与施工单位串通降低工程质量

C. 将不合格工程按照合格签字

D. 未对施工组织设计中的安全技术措施或者专项施工方案进行审查的

E. 转让工程监理业务

6. 根据《建设工程质量管理条例》，工程监理单位有（　　）行为的，将被处以 50 万元以上 100 万元以下的罚款，降低资质等级或者吊销资质证书。

A. 超越本单位资质等级承揽工程监理业务

B. 与建设单位串通，弄虚作假、降低工程质量

C. 与施工单位串通，弄虚作假、降低工程质量

D. 允许其他单位以本单位名义承揽工程监理业务

E. 将不合格的建设工程按照合格签字

7. 根据《建设工程质量管理条例》，责令工程监理单位停止违法行为，并处合同约定的监理酬金 1 倍以上 2 倍以下罚款的情形有（　　）。

A. 超越本单位资质等级承揽工程　　　　B. 与施工单位串通降低工程质量

C. 将不合格工程按照合格签字　　　　　D. 允许其他单位以本单位名义承揽工程

E. 将所承揽的监理业务转让给其他单位

8. 根据《建设工程质量管理条例》，未经总监理工程师签字，不得进行的工作包括（　　）。

A. 建筑材料、建筑构配件在工程上使用　B. 设备在工程上安装

C. 施工单位进行下一道工序的施工　　　D. 建设单位拨付工程款

E. 建设单位进行竣工验收

9. 下列选项中，属于工程监理实施依据的有（　　）。

A. 法律法规　　　　　　　　　　　　　B. 工程建设标准

C. 初步设计文件　　　　　　　　　　　D. 施工图设计文件

E. 勘察设计文件及合同

10. 下列描述中，体现了建设工程监理服务性的有（　　）。

A. 只能在建设单位授权范围内采用规划、控制、协调等方法

B. 工程监理单位不具有工程建设重大问题的决策权

C. 与被监理工程的承包单位不得有利害关系

D. 协助建设单位在计划目标内完成工程建设任务

E. 在维护建设单位合法权益的同时，不能损害施工单位的合法权益

11. 依据《建设工程安全生产管理条例》，在实施监理过程中，工程监理单位发现存在安全事故隐患时，正确的做法为（　　　）。

A. 要求施工单位继续施工

B. 要求施工单位整改

C. 对情况严重的，应当要求施工单位暂时停止施工，并及时报告其上级管理部门

D. 对情况严重的，应当要求施工单位暂时停止施工，并及时报告建设单位

E. 对情况严重的，应当要求施工单位暂时停止施工，并及时报告有关主管部门

12. 自建设工程监理制度实施以来，通过颁布有关法律、行政法规、部门规章进一步明确了（　　　），逐步确立了建设工程监理的法律地位。

A. 工程监理单位的职责

B. 建设单位委托工程监理单位的职责

C. 建设单位授权工程监理单位的范围

D. 工程监理人员的职责

E. 强制实施监理的工程范围

13. 根据《建设工程监理范围和规模标准规定》（建设部第86号令）规定，下列建设工程中，必须实行监理的有（　　　）。

A. 建筑面积在5万 m² 以上的住宅工程

B. 项目总投资为800万元的水土保持项目

C. 总投资为200万元的体育场馆项目

D. 项目总投资为3500万元的铁路工程

E. 项目总投资为1000万元的石油工程

14. 关于全过程咨询本质的说法中，正确的是（　　　）。

A. 全过程工程咨询本质是"选择性"

B. 全过程工程咨询可替代工程监理

C. 全过程工程咨询主要侧重于管理咨询

D. 全过程工程咨询业务可以覆盖项目投资决策、建设实施全过程，但并非每一个项目都需要从头到尾进行咨询

E. 培育全过程工程咨询，强调的是企业在实施全过程工程咨询方面业务能力的提升

15. 下列选项中，属于利用外国政府或者国际组织贷款、援助资金的工程的有（　　　）。

A. 使用外商援助资金的项目

B. 使用国际组织或者国外政府援助资金的项目

C. 使用国外银行贷款资金的项目

D. 使用国外政府及其机构贷款资金的项目

E. 使用世界银行、亚洲开发银行等国际组织贷款资金的项目

16. 依据《建设工程监理范围和规模标准规定》下列项目中，必须实行监理的是（　　　）。

A. 项目总投资额在4000万元以上的旅游、商业项目

B. 高层住宅及地基、结构复杂的多层住宅

C. 利用外国政府或者国际组织贷款、援助资金的工程

D. 建筑面积 4000m² 的住宅项目

E. 总投资额 2800 万元的新能源项目

17. 依据《国务院关于投资体制改革的决定》，对于采用直接投资和资本金注入方式的政府投资工程，政府需要从投资决策的角度审批（   ）。

A. 项目建议书　　　B. 可行性研究报告　　　　　C. 开工报告

D. 初步设计　　　　E. 资金申请报告

18. 根据《国务院关于投资体制改革的决定》，下列工程只需由政府主管部门审批资金申请报告的有（   ）。

A. 采用投资补助方式的政府投资工程

B. 采用转贷方式的政府投资工程

C. 采用贷款贴息方式的政府投资工程

D. 采用资本金注入方式的政府投资工程

E. 采用直接投资方式的政府投资工程

19. 下列选项中，属于办理工程质量监督手续时需要提供的材料的有（   ）。

A. 中标通知书　　　B. 招标文件　　　C. 监理合同　　　D. 施工组织设计

E. 监理大纲

20. 下列选项中，属于工程建设程序的有（   ）。

A. 策划　　　　　B. 设计　　　　　C. 施工　　　　　D. 投入生产

E. 运营

21. 下列选项中，属于建设工程策划决策阶段工作内容的有（   ）。

A. 项目建议书的编报和审批　　　　B. 勘察设计　　　C. 建设准备

D. 可行性研究报告的编报和审批　　　E. 施工安装

22. 对于采用直接投资和资本金注入方式的政府投资工程，政府需要审批的有（   ）。

A. 项目建议书　　　　　　　　B. 可行性研究报告

C. 资金申请报告　　　　　　　D. 初步设计和概算

E. 复工报告

23. 下列选项中，建设工程实施阶段的工作内容主要包括（   ）。

A. 建设准备及生产准备　　　　B. 项目建议书编制

C. 勘察设计　　　　　　　　　D. 施工安装及竣工验收

E. 可行性研究报告编制

24. 下列选项中，一般工程的工程设计工作可以划分为（   ）。

A. 专项施工方案设计　　　　　B. 初步设计阶段

C. 施工组织设计　　　　　　　D. 技术设计阶段

E. 施工图设计阶段

25. 下列选项中，属于施工图审查机构审查时的主要内容有（   ）。

A. 设计单位的资质等级　　　　　　B. 是否符合工程建设强制性标准

C. 地基基础的安全性　　　　　　　D. 主体结构的安全性

E. 施工图设计范围是否超过初步设计批复内容

26. 下列有关建设工程各阶段工作的内容中，表述正确的有（　　　）。

A. 批准的项目建议书是工程项目的最终决策

B. 平整场地开始施工的日期不能算作正式开工日期

C. 如果初步设计提出的总概算超过可行性研究报告总投资的 5% 以上时，应重新向原审批单位报批可行性研究报告

D. 工程设计工作一般划分为两个阶段，其中包括技术设计阶段

E. 生产准备是衔接建设和生产的桥梁，是工程项目建设转入生产经营的必要条件

27. 施工图审查机构按照有关法律、法规，对施工图涉及公共利益、公众安全和工程建设强制性标准的内容进行审查，审查的主要内容包括（　　　）。

A. 是否符合施工现场平面布置要求

B. 是否符合工程建设强制性标准

C. 地基基础和主体结构的安全性

D. 勘察设计企业和注册职业人员以及相关人员是否按规定在施工图上盖章

E. 是否符合设计合同要求

28. 按照工程建设内在规律，投资建设一项工程应当经过（　　　）发展时期。

A. 前期准备　　　B. 策划决策　　　C. 投资估算　　　D. 交付使用

E. 建设实施

29. 工程监理企业要想发展为全过程咨询企业，需要在（　　　）方面做出努力。

A. 加大人才培养引进力度　　　　　B. 优化调整企业组织结构

C. 实施多阶段集成　　　　　　　　D. 加强现代化信息技术应用

E. 重视知识管理平台建设

30. 重大工程和技术复杂工程的工程设计工作一般包括（　　　）。

A. 专项施工方案设计　　　　　　　B. 初步设计阶段

C. 施工组织设计　　　　　　　　　D. 技术设计阶段

E. 施工图设计阶段

31. 下列有关建设单位、监理单位、监理人员职责的表述中，正确的有（　　　）。

A. 实施监理的建设工程，建设单位应当委托具有相应资质等级的工程监理单位进行监理

B. 未经总监理工程师签字，施工单位不得进入下一道工序的施工

C. 工程监理单位在实施监理过程中，发现存在安全事故隐患且情况严重的，应当及时向有关主管部门报告

D. 监理工程师应当按照工程监理规范的要求，采取旁站、巡视和平行检验等形式，对建设工程实施监理

E. 工程监理人员认为工程施工不符合工程设计要求、施工技术标准和合同约定的，应

当报告建设单位要求施工单位改正

32. 实施建设工程监理的主要依据有（　　　）。
   A. 法律法规
   B. 工程建设标准
   C. 建设工程勘察设计文件
   D. 建设工程监理合同
   E. 其他合同文件

33. 工程建设全过程咨询的特点有（　　　）。
   A. 咨询服务范围广
   B. 强调智力性策划
   C. 侧重于管理咨询
   D. 仅为委托方"打杂"
   E. 实施多阶段集成

34. 工程总承包项目经理应履行的职责有（　　　）。
   A. 执行工程总承包单位管理制度，维护企业合法权益
   B. 负责组织项目的管理收尾和合同收尾工作
   C. 取得工程建设类注册执业资格或高级专业技术职称
   D. 完成项目管理目标责任书规定的任务
   E. 对项目实施全过程进行策划、组织、协调和控制

35. 根据《建设工程监理规范》（GB/T 50319—2013），项目监理机构采用（　　　）等方式对建设工程实施监理。
   A. 旁站
   B. 日常检查
   C. 巡视
   D. 平行检验
   E. 重点检查

36. 根据《建设工程监理规范》（GB/T 50319—2013），非工程类注册执业人员担任总监理工程师代表的条件有（　　　）。
   A. 中级及以上专业技术职称
   B. 大专及以上学历
   C. 3 年及以上工程实践经验
   D. 工程类或工程经济类高等教育
   E. 经过监理业务培训

37. 根据《建设工程监理规范》（GB/T 50319—2013），下列属于监理单位工程进度控制内容的有（　　　）。
   A. 审查施工单位报审的施工方案
   B. 编写工程质量评估报告
   C. 对实际完成量与计划完成量进行比较分析
   D. 审查施工单位报审的施工总进度计划
   E. 检查施工进度计划的实施情况

38. 根据《建设工程监理规范》（GB/T 50319—2013），项目监理机构控制工程质量的工作有（　　　）。
   A. 组织调查处理工程质量事故
   B. 审查施工单位报审的施工方案
   C. 查验施工单位报送的施工测量放线成果

D. 参与工程竣工预验收

E. 检查施工单位为工程提供服务的试验室

39. 关于工程施工招标的标底与招标控制价，下列说法中正确的有（　　）。

A. 两者在开标前均需要保密

B. 前者开标时公布，后者在招标文件中公布

C. 两者都是评标的直接依据

D. 前者是评标的参考依据，后者是对投标报价的控制依据

E. 两者均可以作为确定投标报价是否有效的直接依据

40. 《中华人民共和国建筑法》规定，从事建筑活动的建筑施工企业、勘察单位、设计单位和工程监理单位应当具备的条件有（　　）。

A. 有已经完成的建筑工程业绩

B. 有符合国家规定的注册资本

C. 有从事相关建筑活动所应有的技术装备

D. 企业负责人或企业技术负责人应具有高级职称

E. 有与其从事的建筑活动相适应的具有法定执业资格的专业技术人员

41. 根据《中华人民共和国招标投标法》，开标时，检查投标文件的密封情况的有（　　）。

A. 投标人　　　　　　　　　　B. 招标人

C. 投标人推选的代表　　　　　D. 招标人委托的公证机构

E. 招投标行政监督部门

42. 根据《中华人民共和国招标投标法》，属于中标人投标应当符合的条件有（　　）。

A. 能够最大限度地满足招标文件中规定的各项综合评价标准

B. 能够满足招标文件中规定的各项综合评价标准

C. 能够满足招标文件的实质性要求，并且经评审的投标价格最低，该价格高于成本

D. 能够满足招标文件的实质性要求，并且投标价格最低，该价格高于成本

E. 能够满足招标文件的所有要求，并且投标价格最低

43. 根据《中华人民共和国民法典》，下列选项中，属于无效合同的有（　　）。

A. 损害社会公共利益　　　　　B. 订立合同时显失公平

C. 以合法形式掩盖非法目的　　D. 恶意串通，损害第三人利益

E. 因重大误解而订立

44. 根据《中华人民共和国民法典》，以下属于缔约过失订立的合同情形有（　　）。

A. 假借订立合同，恶意进行磋商

B. 无权代理人订立的合同

C. 限制民事能力人订立的合同

D. 故意隐瞒与订立合同有关的重要事实或者提供虚假情况

E. 恶意串通，损害国家、集体或者第三人利益

45. 根据《中华人民共和国民法典》，施工企业可单方解除合同的情形有（　　）。

A. 建设单位违约致使合同目的不能实现

B. 建设单位交付的施工图设计文件深度不足

C. 地震导致合同无法履行

D. 建设单位迟延 3 日给付预付款

E. 建设单位提供的地质资料不准确

46. 《中华人民共和国民法典》规定，下列选项中，属于要约邀请的有（   ）。

  A. 拍卖公告　　　　B. 招标公告　　　　C. 递交投标文件　　D. 招股说明书

  E. 寄送的价目表

47. 根据《中华人民共和国民法典》，下列选项中，属于要约失效情形的有（   ）。

  A. 受要约人拒绝要约的通知到达要约人

  B. 受要约人的承诺对要约内容做了实质性变更

  C. 要约中规定的承诺期限届满，受要约人未作出承诺

  D. 受要约人承诺到达要约人后，要约人发出撤销要约的通知

  E. 发出承诺通知前，撤销要约的通知到达受要约人

48. 根据《建设工程质量管理条例》，工程监理单位的质量责任和义务有（   ）。

  A. 依法取得相应等级资质证书，并在其资质等级许可范围内承担工程监理业务

  B. 与被监理工程的施工承包单位不得有隶属关系或其他利害关系

  C. 按照施工组织设计要求，采取旁站、巡视和平行检验等形式实施监理

  D. 未经监理工程师签字，建筑材料、建筑构配件和设备不得在工程上使用或安装

  E. 未经监理工程师签字，建设单位不拨付工程款，不进行竣工验收

49. 根据《建设工程质量管理条例》，关于建设工程在正常使用条件下最低保修期限的说法，正确的有（   ）。

  A. 屋面防水工程，3 年　　　　　　　B. 电气管线工程，2 年

  C. 给排水管道工程，2 年　　　　　　D. 外墙面防渗漏，3 年

  E. 地基基础工程，3 年

50. 根据《建设工程安全生产管理条例》，下列选项中，属于施工单位项目负责人的安全职责有（   ）。

  A. 应当制定安全生产规章制度　　　　B. 落实安全生产责任制

  C. 确保安全生产费用的有效使用　　　D. 保证安全生产条件所需资金的投入

  E. 及时、如实报告生产安全事故

51. 根据《生产安全事故报告和调查处理条例》，下列选项中，属于事故调查报告内容的有（   ）。

  A. 事故发生单位概况　　　　　　　　B. 事故发生经过和事故救援情况

  C. 事故调查结论　　　　　　　　　　D. 事故发生的原因和事故性质

  E. 事故造成的人员伤亡和直接经济损失

52. 下列选项中，关于建筑工程施工许可的说法正确的有（   ）。

A. 在建的建筑工程因故中止施工的，建设单位应当自中止施工之日起三个月内，向发证机关报告

B. 既不开工又不申请延期或者超过延期时限的，施工许可证自行废止

C. 施工许可证延期以两次为限，每次不超过三个月

D. 建设单位应当自领取施工许可证之日起三个月内开工，因故不能按期开工的，应当向发证机关申请延期

E. 按照国务院规定的权限和程序批准开工报告的建筑工程，不再领取施工许可证

53. 下列选项中，关于建设施工企业的安全生产管理说法正确的有（　　）。

A. 分包单位向总承包单位负责，服从总承包单位对施工现场的安全生产管理

B. 房屋拆除应当由具备保证安全条件的建筑施工单位承担，由建筑施工单位负责人对安全负责

C. 建筑施工企业应当依法为职工参加工伤保险缴纳工伤保险费

D. 未经安全生产教育培训的人员，不得上岗作业

E. 涉及建筑主体和承重结构变动的装修工程，建设单位应当在施工前必须委托原设计单位提出设计方案

54. 下列选项中，关于建筑工程质量管理的说法正确的有（　　）。

A. 建筑施工企业必须按照工程设计图纸和施工技术标准施工，不得偷工减料

B. 工程设计的修改由原设计单位负责，建筑施工企业不得擅自修改工程设计

C. 建筑工程实行总承包的，工程质量由工程总承包单位负责

D. 建筑设计单位对设计文件选用的建筑材料、建筑构配件和设备可以指定生产厂、供应商

E. 总承包单位将建筑工程分包给其他单位的，应当对分包工程的质量与分包单位承担连带责任

55. 下列选项中，属于要约失效情形的有（　　）。

A. 拒绝要约的通知到达要约人

B. 要约人依法撤销要约

C. 要约人确定了承诺期限或者以其他形式明示要约不可撤销

D. 承诺期限届满，受要约人未做出承诺

E. 受要约人对要约的内容做出实质性变更

56. 下列选项中，关于合同成立地点的说法正确的有（　　）。

A. 要约生效的地点为合同成立的地点

B. 采用数据电文形式订立合同的，收件人没有主营业地的，其经常居住地为合同成立的地点

C. 承诺生效的地点为合同成立的地点

D. 采用数据电文形式订立合同的，收件人的主营业地为合同成立的地点

E. 当事人采用合同书形式订立合同的，双方当事人签字或者盖章的地点为合同成立的地点

57. 下列选项中，关于格式条款说法正确的有（   ）。

A. 提供格式条款的一方应当遵循公平原则确定当事人之间的权利和义务

B. 对格式条款的理解发生争议的，应当按照通常理解予以解释

C. 对格式条款有两种以上解释的，应当做出有利于提供格式条款一方的解释

D. 格式条款和非格式条款不一致的，应当采用非格式条款

E. 提供格式条款的一方免除自己责任、加重对方责任、排除对方主要权利的，该条款无效

58. 下列选项中，属于缔约过失责任的有（   ）。

A. 有违背诚实信用原则的行为

B. 提供虚假情况

C. 故意隐瞒与订立合同有关的重要事实

D. 假借订立合同，恶意进行磋商

E. 无权代理人代订的合同

59. 下列选项中，关于合同效力的说法正确的有（   ）。

A. 依法成立的合同，自成立时生效

B. 附生效条件的合同，自条件成就时生效

C. 附解除条件的合同，自条件成就时生效

D. 附生效期限的合同，自期限届至时失效

E. 附终止期限的合同，自期限届满时失效

60. 下列选项中，关于合同效力的说法正确的有（   ）。

A. 无效合同自始没有法律约束力

B. 被撤销的合同自始没有法律约束力

C. 合同部分无效，其他部分也无效

D. 合同无效、被撤销或者终止的，不影响合同中独立存在的有关解决争议方法的条款的效力

E. 合同中造成对方人身伤害的免责条款无效

61. 下列选项中，关于合同履行的一般规则说法正确的是（   ）。

A. 合同生效后，当事人就质量、价款或者报酬、履行地点等内容没有约定或者约定不明确的，可以协议补充

B. 质量要求不明确的，按照国家标准、行业标准履行

C. 价款或者报酬不明确的，按照签订合同地的市场价格履行

D. 履行地点不明确，给付货币的，在接受货币一方所在地履行

E. 履行费用的负担不明确的，由履行义务一方负担

62. 下列选项中，对于执行政府定价或者政府指导价的标的物，价格调整说法正确的有（   ）。

A. 逾期交付标的物的，遇价格上涨时，按照原价格执行

B. 逾期交付标的物的，遇价格下降时，按照新价格执行

C. 逾期提取标的物或者逾期付款的，遇价格上涨时，按照新价格执行

D. 逾期提取标的物或者逾期付款的，遇价格下降时，按照原价格执行

E. 在合同约定的交付期限内政府价格调整时，按照签订合同时的价格计价

63. 根据《建设工程安全生产管理条例》规定，施工单位还应当组织专家进行论证、审查的专项施工方案有（　　）。

A. 深基坑　　　　　　　　　　B. 起重吊装工程

C. 地下暗挖工程　　　　　　　D. 高大模板工程

E. 拆除、爆破工程

64. 下列选项中，关于施工单位的安全责任的说法正确的有（　　）。

A. 施工单位主要负责人依法对本单位的安全生产工作全面负责

B. 鼓励施工单位为施工现场从事危险作业的人员办理意外伤害保险

C. 施工单位不得在尚未竣工的建筑物内设置员工集体宿舍

D. 施工单位应当在施工组织设计中编制安全技术措施和施工现场临时用电方案

E. 施工单位应当建立健全安全生产教育培训制度，应当对管理人员和作业人员每年至少进行两次安全生产教育培训

65. 根据《中华人民共和国建筑法》，工程监理单位与被监理工程的（　　）不得有隶属关系或者其他利害关系。

A. 设计单位　　　　　　　　　B. 承包单位

C. 建设单位　　　　　　　　　D. 设备供应单位

E. 工程咨询单位

66. 根据《中华人民共和国建筑法》，建设单位申请领取施工许可证应当具备的条件有（　　）。

A. 已办理该建筑工程用地批准手续　　B. 已取得规划许可证

C. 建设资金已落实　　　　　　　　　D. 已确定建筑施工企业

E. 已确定工程监理企业

67. 根据《中华人民共和国建筑法》，从事建筑活动的建筑施工企业按照其拥有的（　　）等资质条件，划分为不同的资质等级。

A. 注册资本　　　　　　　　　B. 技术装备

C. 已完成的建筑工程业绩　　　D. 财务会计制度

E. 专业技术人员

68. 根据《中华人民共和国建筑法》，关于建筑工程分包的表述中，错误的有（　　）。

A. 资质等级较低的分包单位可以超越一个等级承揽分包工程

B. 建筑工程的分包单位必须在其资质等级许可的业务范围内承揽工程

C. 实行施工总承包的，建筑工程主体结构的施工可以由分包单位完成

D. 严禁个人承揽分包工程业务

E. 劳务作业分包不经建设单位认可

69. 根据《中华人民共和国建筑法》，在施工过程中，施工企业施工作业人员的权利有（　　）。

A. 获得安全生产所需的防护用品

B. 根据现场条件改变施工图纸内容

C. 对危及生命安全和人身健康的行为提出批评

D. 对危及生命安全和人身健康的行为检举

E. 对影响人身健康的作业程序和条件提出改进意见

70. 根据《中华人民共和国建筑法》，实施建设工程监理前，建设单位应当将（　　）书面通知被监理的建筑施工企业。

A. 工程监理单位　　　　　　　　B. 总监理工程师

C. 监理内容　　　　　　　　　　D. 监理权限

E. 监理组织机构

71. 根据《中华人民共和国招标投标法》，建设施工项目的招标文件应当包括的内容有（　　）。

A. 投标报价的要求　　　　　　　B. 评标标准

C. 拟签订合同的主要条款　　　　D. 拟用于完成招标项目的机械设备

E. 招标项目的技术要求

72. 根据《中华人民共和国民法典》，属于委托合同的有（　　）。

A. 工程勘察合同　　　　　　　　B. 工程设计合同

C. 建设工程监理合同　　　　　　D. 施工合同

E. 项目管理合同

73. 下列关于合同成立地点的说法中，正确的有（　　）。

A. 承诺生效的地点为合同成立的地点

B. 采用数据电文形式订立合同的，收件人的主营业地为合同成立的地点

C. 没有主营业地的，其经常居住地为合同成立的地点

D. 要约生效的地点为合同成立的地点

E. 当事人采用合同书形式订立合同的，双方当事人签字或者盖章的地点为合同成立的地点

74. 总监理工程师组织专业监理工程师审查施工单位报送的工程开工报审表及相关资料时，属于审查内容的是（　　）。

A. 设计交底和图纸会审是否完成

B. 施工许可证是否已办理

C. 施工单位质量管理体系是否已建立

D. 施工组织设计是否已经由总监理工程师审查签认

E. 施工组织设计已经编制完成

75. 根据《中华人民共和国民法典》，合同权利义务的终止，不影响执行合同中约定的条款有（　　）。

A. 预付款支付义务   B. 结算和清理条款

C. 通知义务   D. 缺陷责任条款

E. 保密义务

76. 生产经营单位的安全生产管理机构及安全生产管理人员应履行的职责有（   ）。

    A. 参与拟定本单位安全生产规章制度和操作规程

    B. 督促落实本单位重大危险源的安全管理措施

    C. 组织制定并实施本单位的生产安全事故应急救援预案

    D. 制止和纠正违章指挥、强令冒险作业、违反操作规程的行为

    E. 督促落实本单位安全生产整改措施

77. 根据《建设工程质量管理条例》，建设工程承包单位向建设单位出具的质量保修书中应明确建设工程的（   ）。

    A. 保修范围   B. 保修期限

    C. 保修要求   D. 保修责任

    E. 保修费用

78. 根据《建设工程质量管理条例》，施工单位的质量责任和义务有（   ）。

    A. 报审施工图设计文件

    B. 及时通知设计单位修改设计文件和图纸的差错

    C. 不得使用未经检验或检验不合格的建筑材料

    D. 做好隐蔽工程的质量检查和记录

    E. 建立健全职工教育培训制度

79. 根据《建设工程质量管理条例》，施工人员对涉及结构安全的（   ）以及有关材料，应当在建设单位或者监理单位监督下现场取样，并送具有相应资质等级的质量检测单位进行检测。

    A. 设备   B. 机具   C. 试块   D. 试件   E. 器具

80. 根据《建设工程质量管理条例》，监理工程师应当按照工程监理规范的要求，采取（   ）等形式，对建设工程实施监理。

    A. 巡视   B. 工地例会   C. 设计与技术交底

    D. 平行检验   E. 旁站

81. 根据《建设工程质量管理条例》，关于建设工程在正常使用条件下最低保险期限的表述中，正确的有（   ）。

    A. 屋面防水工程，5 年   B. 供热与供冷系统，2 年

    C. 给排水管道工程，2 年   D. 房间的防渗漏，3 年

    E. 设备安装和装修工程，5 年

82. 根据《建设工程安全生产管理条例》，施工单位的安全责任包括（   ）。

    A. 设置安全生产管理机构

    B. 施工单位负责人对工程项目的安全施工负责

C. 配备专职安全生产管理人员

D. 施工单位项目负责人在施工前应向作业人员作出安全施工说明

E. 及时、如实报告生产安全事故

83. 根据《建设工程安全生产管理条例》，建设工程施工前，施工单位负责项目管理的技术人员应当对有关安全施工的技术要求向（   ）作出详细说明。

A. 监理工程师　　　　　　　　B. 施工作业班组

C. 施工作业人员　　　　　　　D. 现场安全员

E. 现场技术员

84. 下列生产安全事故情形中，属于《安全生产事故报告和调查处理条例》规定的重大事故的有（   ）。

A. 死亡 30 人　　　　　　　　B. 重伤 80 人

C. 直接经济损失 5000 万元　　D. 死亡 20 人

E. 直接经济损失 8000 万元

85. 根据《生产安全事故报告和调查处理条例》，事故调查组应履行的职责有（   ）。

A. 认定事故的性质和事故责任

B. 提出对事故责任者的处理建议

C. 查明事故单位已经采取的措施

D. 提交事故调查报告

E. 总结事故教训，提出防范和整改措施

86. 根据《生产安全事故报告和调查处理条例》，生产安全事故发生后，有关单位和部门应逐级上报事故情况，事故报告内容包括（   ）。

A. 事故发生单位概况　　　　　B. 事故发生的现场情况

C. 已采取的措施　　　　　　　D. 事故发生的原因

E. 事故发生的性质

87. 根据《招标投标法实施条例》，可以不进行招标的项目包括（   ）。

A. 需要采用不可替代的专利或者专有技术

B. 技术复杂、有特殊要求或者受自然环境限制，预计潜在投标人很少的项目

C. 采购人依法能够自行建设、生产或者提供

D. 已通过招标方式选定的特许经营项目投资人依法能够自行建设、生产或者提供

E. 需要向原中标人采购工程、货物或者服务，否则将影响施工或者功能配套要求

88. 根据《招标投标法实施条例》，应视为投标人相互串通投标的情形有（   ）。

A. 互相借用投标保证金

B. 投标文件由同一单位编制

C. 投标保证金从同一单位账户转出

D. 不同投标人的投标文件异常一致

E. 有相同的类似工程业绩

89. 根据《招标投标法实施条例》，投标文件中有（　　），评标委员会认为需要投标人作出必要澄清、说明的，应当书面通知该投标人。

  A. 含义不明确的内容   B. 明显文字错误

  C. 明显计算错误   D. 超出投标文件的范围

  E. 实质性内容

90. 工程总承包模式具有（　　）的特点。

  A. 有利于缩短建设工期   B. 便于较早确定工程造价

  C. 有利于控制工程质量   D. 工程项目责任主体单一

  E. 可减轻建设单位经济负担

第2章 监理人员与监理企业

一、单项选择题

1. 根据国家有关规定，取得监理工程师职业资格证书且从事工程监理及相关业务活动的人，经过（ ）方可以监理工程师名义执业。
   A. 主管部门认定   B. 岗位登记
   C. 注册   D. 主管部门认证

2. 根据《监理工程师职业资格制度规定》关于监理工程师资格考试说法，正确的有（ ）。
   A. 监理工程师职业资格考试属于水平评价类职业资格考试
   B. 监理工程师职业资格考试全国统一考试大纲、统一命题、统一阅卷
   C. 具有各工程大类专业大学本科学历，从事工程施工业务工作满3年即可报考
   D. 具有工学一级学科博士学位，从事工程业务工作满一年即可报考

3. （ ）可以由具有工程类执业资格的人员担任，也可以由具有中级及以上专业技术职称、3年及以上工程实践经验并经监理培训的人员担任。
   A. 总监理工程师   B. 总监理工程师代表
   C. 监理员   D. 专业监理工程师

4. 根据《监理工程师考试实施办法》，对于免考基础科目和增加专业类别的人员，专业科目成绩实行（ ）年为一个周期的滚动管理办法。
   A. 4   B. 3   C. 2   D. 1

5. 根据《监理工程师职业资格制度规定》，具有各工程大类专业大学专科学历，从事工程监理、施工、设计等业务工作满（ ）年者，可以申请参加监理工程师职业资格考试。
   A. 3   B. 4   C. 5   D. 6

6. 监理工程师每人最多可以申请（ ）个专业注册。
   A. 1   B. 2   C. 3   D. 4

7. 根据《注册监理工程师管理规定》，注册监理工程师在注册有效期满需继续执业办理（ ）注册。
   A. 初始   B. 延续   C. 变更   D. 长期

8. 注册监理工程师未执行法律、法规和工程强制性标准的，责令停止执业（ ）个月以上（ ）年以下。
   A. 5，2   B. 3，2   C. 5，1   D. 3，1

9. （ ）是政府对工程监理执业人员实行市场准入控制的有效手段。

A. 监理工程师执业资格考试   B. 监理工程师注册

C. 监理工程师继续教育   D. 监理工程师备案登记

10. 关于监理工程师执业的说法，错误的是（   ）。

A. 监理工程师最多可同时受聘于两个单位执业

B. 监理工程师不得允许他人以本人名义执业

C. 监理工程师可以从事工程建设某一阶段或某一专项工程咨询

D. 监理工程师依据职责开展工作，在本人执业活动中形成的工程监理文件上签字，并承担相应职责

11. 下列选项中，关于总监理工程师的说法错误的是（   ）。

A. 总监理工程师应由注册监理工程师担任

B. 一名注册监理工程师最多同时担任四项建设工程监理合同的总监理工程师

C. 一名注册监理工程师可担任一项建设工程监理合同的总监理工程师

D. 需要同时担任多项建设工程监理合同的总监理工程师时，应经建设单位书面同意

12. 根据《建设工程监理规范》（GB/T 50319—2013），专业监理工程师可由具有中级以上专业技术职称、（   ）年及以上工程实践经验并经监理业务培训的人员担任。

A. 1   B. 2   C. 3   D. 5

13. 根据《建设工程监理规范》（GB/T 50319—2013）的条款，监理员是指从事具体监理工作，具有（   ）学历并经过监理业务培训的人。

A. 初中   B. 高中   C. 大专   D. 中专及以上

14. 根据《建设工程监理规范》（GB/T 50319—2013），一名注册监理工程师可担任一项建设工程监理合同的总监理工程师。当需要同时担任多项建设工程监理合同的总监理工程师时，应经建设单位书面同意，且最多不得超过（   ）项。

A. 1   B. 3   C. 4   D. 5

15. 根据《建设工程监理规范》（GB/T 50319—2013），总监理工程师可以委托给总监理工程师代表的职责是（   ）。

A. 组织审查分包单位资格   B. 组织审查专项施工方案

C. 组织工程预验收   D. 审批监理实施细则

16. 根据《建设工程监理规范》（GB/T 50319—2013），总监理工程师可以委托总监理工程师代表进行的工作是（   ）。

A. 根据工程进展及监理工作情况调配监理人员

B. 组织审查施工组织设计、专项施工方案

C. 组织审核工程竣工结算

D. 组织编写监理月报、监理工作总结

17. 注册监理工程师从事执业活动时应当履行的义务有（   ）。

A. 不以个人名义承揽监理业务

B. 保管和使用本人的注册证书和执业印章

C. 接受继续教育，努力提高执业水准

D. 坚持独立自主地开展工作

18. 一名注册监理工程师要同时担任三项建设工程的总监理工程师时，应（　　）。

  A. 征得质量监督机构书面同意 B. 书面通知施工单位

  C. 征得建设单位书面同意 D. 书面通知建设单位

19. （　　）组织建设单位、施工单位等共同协商确定工程变更费用及工期变化，会签工程变更单。

  A. 专业监理工程师   B. 总监理工程师

  C. 总监理工程师代表   D. 建设行政主管部门

20. 注册监理工程师从事职业活动应履行的义务是（　　）。

  A. 依据本人能力从事经营管理活动

  B. 获取相应的劳动报酬

  C. 对本人职业活动进行解释和辩护

  D. 保证执业活动成果的质量

21. 总监理工程师负责制的"核心"内容是指（　　）。

  A. 总监理工程师是建设工程监理的权力主体

  B. 总监理工程师是建设工程监理的义务主体

  C. 总监理工程师是建设工程监理的责任主体

  D. 总监理工程师是建设工程监理的利益主体

22. 项目监理机构的设置应合理，要突出监理人员素质，尤其是（　　）人选，将是建设单位重点考察的对象。

  A. 监理员 B. 技术负责人 C. 专业监理工程师 D. 总监理工程师

23. 建设工程监理实施中，总监理工程师负责制的核心是（　　）。

  A. 权力   B. 责任   C. 服务   D. 监督

24. 关于影响项目监理机构人员配备因素的说法，正确的是（　　）。

  A. 工程建设强度越大，需投入的监理人数越少

  B. 工程监理的业务水平不同将影响监理人员需要量定额水平

  C. 可将工程复杂程度按四级划分：简单、一般、较复杂、复杂

  D. 工程复杂程度只涉及资金和工程监理机构资质

25. 股份有限公司设监事会，其成员不得少于（　　）人。

  A. 5   B. 2   C. 3   D. 7

26. 下列选项中，公司设立条件中，不属于股份有限公司设立条件的是（　　）。

  A. 有公司住所   B. 股东大会

  C. 股份发行、筹办事项符合法律规定 D. 发起人符合法定人数

27. 工程监理企业组织形式中，股份有限公司经理由（　　）决定聘任或者解聘。

A. 股东会　　　　B. 监事会　　　　C. 董事会　　　　D. 项目监理机构

28. 关于监理有限责任公司设立董事会的说法，正确的是（　　）。

    A. 董事会成员为 3～13 人　　　　B. 董事会成员不超过 5 人

    C. 董事会成员应在 23 人以下　　　　D. 执行董事不得兼任公司经理

29. 以下专业乙级工程监理企业资质中，不可以设立丙级的是（　　）。

    A. 房屋建筑专业　　　　　　　　B. 水利水电专业

    C. 市政公用专业　　　　　　　　D. 机电安装专业

30. 资质有效期届满，工程监理企业需要继续从事工程监理活动的，应当在资质证书有效期届满（　　）日前，向原资质许可机关申请办理延续手续。

    A. 15　　　　　　B. 20　　　　　　C. 30　　　　　　D. 60

31. 根据《必须招标的工程项目规定》，国有资金投资的项目，必须进行招标的是（　　）的项目。

    A. 施工单项合同估算价为 300 万元

    B. 设计单项合同估算价为 80 万元

    C. 监理单项合同估算价为 50 万元

    D. 工程设备采购单项合同估算价为 200 万元

32. 建设工程施工单项合同估算价在（　　）万元以上的，必须进行招标。

    A. 50　　　　　　B. 100　　　　　C. 150　　　　　D. 400

33. 根据《必须招标的工程项目规定》（国家发改委令第 16 号），勘察、设计、监理等服务的采购，单项合同估算价在（　　）万元以上的，必须进行招标。

    A. 50　　　　　　B. 100　　　　　C. 150　　　　　D. 200

34. 国有资金投资项目中的重要设备采购，单项合同估算在（　　）万元以上的，必须进行招标。

    A. 30　　　　　　B. 50　　　　　　C. 100　　　　　D. 200

35. 根据《必须招标的工程项目规定》，下列工程可以不招标的是（　　）。

    A. 使用预算资金 100 万元人民币，且该资金占投资额 8% 的项目

    B. 使用国有企业事业单位资金，且该资金占控股或者主导地位的项目

    C. 使用亚洲开发银行贷款的项目

    D. 使用外国政府及其机构贷款、援助资金的项目

36. 下列选项中，不属于投标决策原则的有（　　）。

    A. 集中优势力量参与一个较大建设工程监理投标

    B. 充分衡量自身人员和技术实力能否满足工程项目要求

    C. 认真研究招标文件，深入领会招标文件意图

    D. 对于竞争激烈，风险特别大或把握不大的工程，应主动放弃投标

37. 建设工程监理投标文件的核心是（　　）。

A. 监理实施细则   B. 监理大纲

C. 监理服务报价单   D. 监理规划

38. 一般情况下，对于建设单位对工期等因素比较敏感的工程，工程监理投标可采用的投标策略是（   ）。

A. 以信誉和口碑取胜   B. 以缩短工期等承诺取胜

C. 以附加服务取胜   D. 适应长远发展策略

39. 根据《标准监理招标文件》，属于监理投标文件内容的是（   ）。

A. 投标人须知   B. 监理大纲   C. 合同条款   D. 监理规划

40. 工程监理企业经调查分析决定投标后，首先要明确的内容是（   ）。

A. 投标程序   B. 投标目标   C. 投标策略   D. 投标方式

41. （   ）是能反映监理服务水平高低的监理大纲。

A. 建设工程监理难点、重点及合理化建议具有针对性

B. 监理依据和监理工作内容

C. 建设工程监理实施方案的重点

D. 建设工程监理投标文件的核心

42. 工程监理公开招标的工作包括：①招标准备；②组织资格审查；③召开招标预备会；④发出中标通知书。仅就上述工作而言，正确的工作流程是（   ）。

A. ①②③④   B. ①③②④   C. ③①②④   D. ②①③④

43. 下列文件中，属于要约邀请文件的是（   ）。

A. 投标书   B. 中标通知书   C. 招标公告   D. 现场踏勘答疑会议纪要

44. 依法必须进行招标的项目，国有资金占控股或者主导地位的，应当实行的是（   ）。

A. 邀请招标   B. 公开招标   C. 挂牌   D. 拍卖

45. 在监理费的计算方法中，（   ）指在明确咨询工作内容的基础上，业主和工程咨询公司协商一致确定的固定咨询费，或工程咨询公司在投标时以固定价格形式进行报价而形成的咨询合同价格。

A. 按费率计算   B. 按人工时计算

C. 按服务内容计算   D. 按服务项目计算

46. 下列工程监理费用计取方法中，适用于临时性、短期监理（咨询）业务活动的是（   ）。

A. 建设投资百分比法   B. 工程建设强度法

C. 监理（咨询）人员工时法   D. 监理（咨询）服务内容法

47. 下列选项中，不属于监理人违约的情形是（   ）。

A. 转让监理工作

B. 未按合同的约定实施监理并造成工程损失

C. 未按合同约定支付监理报酬

D. 监理文件不符合规范标准及合同约定

48. 对建设工程实施监理时，工程监理单位应遵守的基本原则之一是（　　　）。

    A. 权责一致原则   B. 才职相称原则

    C. 弹性原则   D. 集权与分权统一原则

49. 工程监理企业建立健全与建设单位的沟通管理体制，增强互相信任，这属于监理企业经营活动的（　　　）准则。

    A. 守法   B. 诚信   C. 公平   D. 科学

50. 建设工程监理的行为主体是（　　　）。

    A. 建设单位   B. 工程监理单位

    C. 建设主管部门   D. 质量监督机构

51. 为了满足建设工程监理实际工作需求，工程监理单位应由组织管理能力强、工程建设经验丰富的人员担任领导，体现了建设工程监理的（　　　）性质。

    A. 服务性   B. 公平性   C. 独立性   D. 科学性

52. 工程监理企业不得伪造、涂改、出租、出借、转让、出卖《资质等级证书》，属于工程监理企业经营活动准则中（　　　）的内容。

    A. 守法   B. 诚信   C. 公平   D. 科学

53. 下列选项中，不符合建设工程监理单位受建设单位委托实施建设工程监理时应遵循的基本原则是（　　　）。

    A. 实事求是的原则   B. 综合效益的原则

    C. 公平、公正、公开、科学的原则   D. 总监理工程师负责制的原则

54. 下列选项中，有关工程监理企业经营活动准则的表述错误的是（　　　）。

    A. 建设工程监理方案就是指监理规划

    B. 工程监理企业要做到公平，必须做到的内容之一是：要提高专业技术能力

    C. 监理企业诚信行为包括定期进行诚信建设制度实施情况检查考核，及时处理不诚信和履职不到位人员

    D. 守法主要体现在：工程监理企业应按照工程监理合同约定严格履行义务

55. 工程监理企业经营活动准则中，要求市场主体在不损害他人利益和社会公共利益的前提下，追求自身利益，目的是在当事人之间的利益关系和当事人与社会之间的利益关系中实现平衡，并维护市场道德秩序的是（　　　）。

    A. 守法原则   B. 诚信原则   C. 科学原则   D. 公平原则

二、多项选择题

1. 关于工程监理企业遵循"诚信"经营活动准则的说法，正确的有（　　　）。

    A. 配置先进的科学仪器开展监理工作

    B. 诚信原则的首要作用在于指导当事人按合同约定履行义务

    C. 应及时处理不诚信、履职不到位的工程监理人员

    D. 按有关规定和合同约定进行施工现场检查和工程验收

E. 提高专业技术能力

2. 工程监理企业从事建设工程监理活动，应当遵循"守法、诚信、公平、科学"的准则，其中"守法"的具体要求为（　　）。
   A. 在核定的资质等级和业务范围内开展经营活动
   B. 不伪造、涂改、出租、出借、转让、出卖《资质等级证书》
   C. 不以虚假行为损害工程建设各方合法权益
   D. 按照工程监理合同约定严格履行义务
   E. 自觉遵守自律公约，接受政府主管部门对监理工作的监督检查

3. 为了能够依据合同，公平合理地处理建设单位与施工单位之间争议，工程监理单位必须做到公平，主要体现在（　　）。
   A. 采用科学的方案、方法和手段
   B. 坚持实事求是
   C. 熟悉建设工程合同有关条款
   D. 提高专业技术能力
   E. 提高综合分析判断问题的能力

4. 工程监理企业要做到公平，必须做到（　　）。
   A. 要提高综合分析判断问题的能力　　B. 要熟悉工程设计文件
   C. 要坚持实事求是　　　　　　　　　D. 要提高专业技术能力
   E. 要具有良好的职业道德

5. 工程监理企业经营活动准则包括（　　）。
   A. 守法　　　　　B. 诚信　　　　　C. 公平　　　　　D. 科学　　　　　E. 公正

6. 根据《建设工程监理规范》（GB/T 50319—2013）属于总监理工程师的职责不得委托给总监理工程师代表的工作包括（　　）。
   A. 组织审查施工组织设计　　　　　B. 组织审查工程开工报审表
   C. 组织审核施工单位的付款申请　　D. 组织工程竣工预验收
   E. 组织编写工程质量评估报告

7. 根据《建设工程监理规范》（GB/T 50319—2013）属于监理员的职责有（　　）。
   A. 复核工程计量有关数据　　　　　B. 检查工序施工结果
   C. 检查进场工程材料质量　　　　　D. 进行见证取样
   E. 进行工程计量

8. 下列选项中，属于响应性评审标准的是（　　）。
   A. 投标文件格式　　　　　　　　　B. 监理服务期限
   C. 投标有效期　　　　　　　　　　D. 联合体投标人
   E. 监理大纲

9. 下列有关工程监理招标程序的表述中，正确的有（　　）。
   A. 按照招标公告或投标邀请书规定的时间、地点发售招标文件

B. 招标人必须要组织潜在投标人进行现场踏勘

C. 招标文件的书面澄清、解答属于招标文件的组成部分

D. 投标人在提交投标截止日期之前，可以撤回、补充或者修改已提交的投标文件，并书面或电话通知招标人

E. 建设单位选择监理单位最重要原则是"基于价格的选择"

10. 建设工程监理评标时应重点评审监理大纲的（   ）。

A. 全面性　　　　B. 程序性　　　　C. 针对性　　　　D. 科学性　　　E. 创新性

11. 以下属于建设工程监理投标文件编制依据的有（   ）。

A. 有关建设工程监理投标的法律法规及政策

B. 建设工程监理招标文件

C. 监理企业现有的设备、人力、技术、管理资源

D. 监理规划和实施细则

E. 监理大纲

12. 注册监理工程师在执业活动中应严格遵守的职业道德守则有（   ）。

A. 履行工程监理合同规定的义务　　B. 根据本人的能力从事监理的执业活动

C. 不以个人名义承揽监理业务　　　D. 接受继续教育

E. 坚持独立自主地开展工作

13. 注册监理工程师从事执业活动时享有的权利有（   ）。

A. 使用注册监理工程师称谓

B. 执行技术标准、规范和规程

C. 保管和使用本人的注册证书和职业印章

D. 对侵犯本人权利的行为进行申诉

E. 保守在执业中知悉的商业秘密

14. 根据《注册监理工程师管理规定》，完成规定学时的继续教育是注册监理工程师（   ）的条件之一。

A. 初始注册　　B. 逾期初始注册　　C. 变更注册　　　　D. 延续注册

E. 重新申请注册

15. 根据《建设工程监理规范》（GB/T 50319—2013），项目监理机构在必要时可按（   ）设总监理工程师代表。

A. 分部工程　　B. 项目目标　　　C. 专业工程　　　　D. 施工合同段

E. 工程地域

16. 根据《建设工程监理规范》（GB/T 50319—2013），专业监理工程师的职责有（   ）。

A. 进行工程计量

B. 复核工程计量有关数据

C. 检查进场的工程材料、构配件的设备的质量

D. 检查施工单位投入工程的主要设备运行状况

E. 组织审核分包单位资格

17. 实行监理工程师资格考试制度在（　　）方面具有重要意义。
    A. 强化工程监理人员执业责任　　　　B. 考核是否胜任岗位工作
    C. 统一监理工程师执业能力标准　　　D. 合理建立工程监理人才库
    E. 便于开拓国际工程监理市场

18. 根据《建设工程监理规范》（GB/T 50319—2013），担任总监理工程师代表的条件有（　　）。
    A. 中级及以上专业技术职称　　　　　B. 大专及以上学历
    C. 2 年以上工程实践经验　　　　　　D. 具有注册造价工程师执业资格
    E. 经过监理业务培训

19. 中标人的投标应当符合下列条件之一（　　）。
    A. 能够最大限度地满足招标文件中规定的各项综合评价标准
    B. 能够满足招标文件的实质性要求，并且经评审的投标价格最低
    C. 价格最低
    D. 价格低于成本
    E. 价格高于成本

20. 工程监理企业在监理活动中既要维护建设单位利益，又不能损害施工单位合法权益，因此工程监理企业要做到公平、就需要做到（　　）。
    A. 建立健全合同管理制度　　　　　　B. 要坚持实事求是
    C. 要熟悉建设工程合同有关条款　　　D. 要提高专业技术能力
    E. 要具有良好的职业道德

21. 建设工程监理的性质可以概括为（　　）。
    A. 服务性　　B. 创新性　　　C. 科学性　　　　D. 独立性　　E. 公平性

22. 下列建设工程监理性质表述中，体现了科学性的有（　　）。
    A. 当建设单位与施工单位发生利益冲突或者矛盾时，工程监理单位应以事实为依据，以法律和有关合同为准绳
    B. 应积累丰富的技术、经济资料和数据
    C. 工程监理的服务对象是建设单位，但不能完全取代建设单位的管理活动
    D. 工程监理单位应当由组织管理能力强、工程建设经验丰富的人员担任领导
    E. 应当有足够数量的、有丰富的管理经验和较强应变能力的注册监理工程师组成的骨干队伍

23. 下列有关建设工程监理的内容中，表述正确的有（　　）。
    A. 在工程建设中，工程监理人员利用自己的知识、技能和经验以及必要的试验、检测手段，为建设单位提供管理和技术服务
    B. 工程监理单位具有工程建设重大问题的决策权
    C. 工程监理单位的服务对象是建设单位

D. 要求监理单位"应积累丰富的技术、经济资料和数据"，这是监理性质中"服务性"的要求

E. 独立是工程监理单位公平地实施监理的基础

24. 为了能够依据合同，公平合理地处理建设单位与施工单位之间的争议，工程监理单位必须（　　）。

A. 采用科学的方案、方法和手段　　B. 坚持实事求是

C. 熟悉有关建设工程合同条款　　　D. 提高专业技术能力

E. 提高综合分析判断问题的能力

25. 下列关于工程监理有限责任公司的表述中，正确的有（　　）。

A. 有限责任公司设董事会，其成员为 3 人至 13 人

B. 有限责任公司必须设经理

C. 经理对董事会负责，行使公司管理职权

D. 有限责任公司设监事会，其成员不得少于 5 人

E. 有限责任公司股东会由全体股东组成

26. 下列关于工程监理股份有限公司的表述中，正确的有（　　）。

A. 股份有限公司设董事会，其成员为 3 人至 13 人

B. 股东大会是公司的权力机构

C. 监事会成员不得少于 4 人

D. 董事会可以决定由董事会成员兼任经理

E. 股份有限公司采取发起设立方式设立的，注册资本为在公司登记机关登记的全体发起人认购的股本总额

27. 下列关于工程监理股份有限公司的表述中，正确的有（　　）。

A. 董事会成员不得兼任经理

B. 上市公司需要设立独立董事和董事会秘书

C. 公司设立的条件之一是股份发行、筹办事项符合法律规定

D. 股份有限公司的设立，可以采取发起设立或者募集设立的方式

E. 股份有限公司采取发起设立方式设立的，注册资本为在公司登记机关登记的全体发起人认购的股本总额

28. 在工程监理企业组织形式中，有限责任公司的设立条件有（　　）。

A. 股东符合法定人数

B. 有公司住所

C. 股东出资达到法定资本最低限额

D. 发起人认购和募集的股本达到法定资本最低限额

E. 有公司名称，建立符合有限责任公司要求的组织机构

29. 工程监理企业组织形式中，属于有限责任公司组织机构的有（　　）。

A. 股东会　　B. 项目经理　　C. 董事会　　D. 经理　　E. 监事会

30. 工程监理企业只能在核定的业务范围内开展经营活动，这里所指的业务范围有（　　　）。

   A. 工程等级　　　B. 工程类别　　　C. 工程工期　　　D. 工程规模

   E. 工程性质

31. 工程监理企业从事建设工程监理活动，应当遵循"守法、诚信、公平、科学"的准则，其中"公平"的具体要求包括（　　　）。

   A. 在核定的业务范围内开展经营活动

   B. 不违背自己的承诺

   C. 按照工程监理合同约定严格履行义务

   D. 坚持实事求是

   E. 要提高综合分析判断问题的能力

32. 工程监理企业从事建设工程监理活动，应该遵循"科学"的准则。实施科学化管理主要体现在科学的（　　　）。

   A. 方案　　　　B. 手段　　　　C. 方法　　　　D. 信用管理

   E. 制度管理

33. 监理工程师的职业道德守则包括（　　　）。

   A. 不以个人名义承揽监理业务

   B. 不收受被监理单位的任何礼金

   C. 接受继续教育，努力提高执业水准

   D. 不泄漏监理工程各方认为需要保密的事项

   E. 保证执业活动的质量，并承担相应责任

34. 实行监理工程师执业资格制度的意义有（　　　）。

   A. 与招标投标制度紧密衔接

   B. 与合同管理制度紧密衔接

   C. 便于开拓国际工程监理市场

   D. 合理建立工程监理人才库，优化调整市场资源结构

   E. 便于开拓国际工程监理市场

35. 依据《注册监理工程师管理规定》，注册监理工程师可以从事（　　　）等业务。

   A. 建设工程监理　　　　　　　　B. 工程审价

   C. 工程经济与技术咨询　　　　　D. 工程招标与采购咨询

   E. 全过程工程咨询

36. 注册监理工程师应严格遵守的职业道德准则包括（　　　）。

   A. 不同时在两个或两个以上工程监理单位注册和从事监理活动

   B. "公平、独立、诚信、科学"地开展工作

   C. 树立团队意识，加强沟通交流，团结互助，不损害各方的名誉

   D. 不泄露所监理工程各方认为需要保密的事项

   E. 为客户服务过程中可能产生的一切潜在的利益冲突，都应告知客户

37. 关于注册监理工程师的说法，正确的是（   ）。

　　A. 国家对监理工程师职业资格实行执业注册管理制度

　　B. 监理工程师注册是政府对工程监理执业人员实行市场准入控制的有效手段

　　C. 住房和城乡建设部、交通运输部，水利部按专业类别分别负责监理工程师注册工作

　　D. 取得监理工程师职业资格证书且从事工程监理工作的人员，方可以注册监理工程师名义执业

　　E. 取得监理工程师职业资格证书且经注册的人员，方可以注册监理工程师名义执业

38. 关于建设工程监理招标方式的说法，正确的有（   ）。

　　A. 建设工程监理招标可分为公开招标、邀请招标、委托招标三种方式

　　B. 公开招标是建设单位以投标邀请书方式邀请工程监理单位参加投标

　　C. 公开招标属于非限制性竞争招标

　　D. 邀请招标可进行必要的资格审查

　　E. 邀请招标能够邀请到有经验和资信可靠的工程监理单位投标

第3章 建设工程投资控制

一、单项选择题

1. 建设项目投资决策后，投资控制的关键阶段是（　　）。
   A. 设计阶段　　　　　B. 施工招标阶段　　　C. 施工阶段　　　　　D. 竣工阶段

2. 监理程师施工阶段的投资控制基础是（　　）。
   A. 成本计划　　　　　B. 施工合同　　　　　C. 施工预算　　　　　D. 施工图预算

3. 某建设项目，建筑和安装工程费为 50000 万元，设备工器具费为 6000 万元，建设期利息为 1600 万元，工程建设其他费用为 5000 万元，建设期预备费为 9600 万元（其中基本预备费为 5000 万元），项目的铺底流动资金为 800 万元，则该项目的动态投资额为（　　）万元。
   A. 6000　　　　　　　B. 660　　　　　　　C. 6200　　　　　　　D. 7000

4. 某建设项目，建筑和安装工程费为 8000 万元，设备工器具费为 6000 万元，建设期利息为 1600 万元，工程建设其他费用为 5000 万元，建设期预备费为 9600 万元（其中涨价预备费为 5000 万元），项目的铺底流动资金为 900 万元，则该项目的静态投资额为（　　）万元。
   A. 19500　　　　　　B. 17600　　　　　　C. 18500　　　　　　D. 23600

5. 编制工程概算指标的基础是（　　）。
   A. 估算指标　　　　　B. 企业定额　　　　　C. 预算指标　　　　　D. 概算定额

6. 投资估算编制的依据的是（　　）。
   A. 估算指标　　　　　B. 施工定额　　　　　C. 概算定额　　　　　D. 概算指标

7. 建设工程项目技术设计一般依据（　　）编制相应的经济文件。
   A. 估算指标　　　　　B. 概算指标　　　　　C. 概算定额　　　　　D. 预算定额

8. 某建设工程项目，建筑安装工程费 2000 万元，设备工器具购置费 800 万元，涨价预备费 300 万元，基本预备费 100 万元，工程建设其他费 600 万元，建设期利息 90 万元，流动资金为 1000 万元，铺底流动资金为 500 万元，则该项目的动态投资为（　　）万元。
   A. 400　　　　　　　B. 390　　　　　　　C. 590　　　　　　　D. 490

9. 生产性建设工程总投资包括建设投资和（　　）两部分。
   A. 设备工器具投资　　　　　　　　　　　B. 建筑安装工程投资
   C. 流动资金　　　　　　　　　　　　　　D. 铺底流动资金

10. 某建设项目，建安工程费为 40000 万元，设备工器具费为 5000 万元，建设期利息为

1400 万元，工程建设其他费用为 4000 万元，建设期预备费为 9500 万元（其中基本预备费为 4900 万元），项目的铺底流动资金为 600 万元，则该项目的动态投资额为（　　）万元。

    A. 6000　　　　　　B. 6600　　　　　　C. 11500　　　　　　D. 59900

11. 在建设工程项目中，凡是具有独立的设计文件，竣工后可以独立发挥生产能力或工程效益的工程称为（　　）。

    A. 建设项目　　　　B. 分部工程　　　　C. 单项工程　　　　D. 分项工程

12. 施工图预算编制的依据的是（　　）。

    A. 预算定额　　　　B. 施工定额　　　　C. 概算定额　　　　D. 概算指标

13. 建设工程项目初步设计一般依据（　　）编制相应的经济文件。

    A. 估算指标　　　　B. 概算指标　　　　C. 概算定额　　　　D. 预算定额

14. 建设工程施工图设计是依据（　　）设置投资控制目标。

    A. 投资估算　　　　B. 设计概算　　　　C. 施工图预算　　　　D. 工程量清单

15. 某建设工程项目，建筑安装工程费 1000 元，设备工器具购置费 700 万元，涨价预备费 250 万元，基本预备费 100 万元，工程建设其他费 500 万元，建设期利息 80 万元，流动资金为 1200 万元，铺底流动资金为 500 万元，则该项目的静态投资部分为（　　）万元。

    A. 2300　　　　　　B. 550　　　　　　C. 2630　　　　　　D. 2930

16. 某建设项目投资构成中，设备及工器具购置费为 3000 万元，建筑安装工程费为 1000 万元，工程建设其他为 500 万元，预备费为 200 万元，设备运杂费 360 万元，建设期贷款 2100 万元，应计利息 90 万元，流动资金贷款 400 万元，则该建设项目的建设投资为（　　）。

    A. 6290　　　　　　B. 5890　　　　　　C. 4790　　　　　　D. 6250

17. 建设工程总投资包括（　　）。

    A. 固定资产投资和流动资产投资

    B. 工程造价和建设期利息

    C. 流动资产投资和建筑安装工程费用

    D. 建设投资和铺底流动资金

18. 建设工程项目按（　　）的顺序依次进行分解。

    A. 单项工程—单位工程—分部工程—分项工程

    B. 单项工程—分部工程—单位工程—分项工程

    C. 单位工程—单项工程—分部工程—分项工程

    D. 单位工程—单项工程—分项工程—分部工程

19. 我国现行的建设工程项目投资构成中预备费包括基本预备费和（　　）。

    A. 涨价预备费　　　B. 生产准备费　　　C. 临时设施费　　　D. 土地使用费

20. 生产性建设工程总投资包括（　　）和铺底流动资金两部分。
    A. 设备工器具投资　　　　　　　　　B. 建筑安装工程投资
    C. 流动资金　　　　　　　　　　　　D. 建设投资

21. 施工图设计阶段项目投资的目标是（　　）。
    A. 投资估算　　　　B. 设计概算　　　　C. 招标控制价　　　　D. 施工图预算

22. 工程建设投资构成中，与未来企业生产经营有关的费用属于（　　）。
    A. 设备购置费　　　　　　　　　　　B. 工程建设其他费用
    C. 建筑安装工程费　　　　　　　　　D. 基本预备费

23. 根据《建筑安装工程费用项目组成》的规定，建筑安装工程费用组成中，属于企业管理费的是（　　）。
    A. 劳动保护费　　　　B. 失业保险费　　　　C. 工伤保险费　　　　D. 养老保险费

24. 根据《建筑安装工程费用项目组成》的规定，属于企业管理费的是（　　）。
    A. 采购及保管费　　　　　　　　　　B. 津贴和补贴
    C. 检验试验费　　　　　　　　　　　D. 运杂费

25. 根据《建筑安装工程费用项目组成》的规定，管理人员工资应计入（　　）。
    A. 人工费　　　　B. 社会保险费　　　　C. 规费　　　　D. 企业管理费

26. 根据《建筑安装工程费用项目组成》的规定，属于人工费的是（　　）。
    A. 劳动保护　　　　B. 奖金　　　　C. 劳动保险　　　　D. 管理人员工资

27. 建设单位在工程量清单中暂定并包括在工程合同价款中的一笔款项，用于施工合同签订时尚未确定或者不可预见的所需材料、工程设备、工程变更等的费用是指（　　）。
    A. 总承包服务费　　　　　　　　　　B. 暂列金额
    C. 计日工　　　　　　　　　　　　　D. 暂估价

28. 根据现行《建筑安装工程费用项目组成》施工现场环境保护费应计入建筑安装工程（　　）。
    A. 工程排污费　　　　B. 规费　　　　C. 措施费　　　　D. 企业管理费

29. 根据现行《建筑安装工程费用项目组成》，安全文明施工费属于（　　）。
    A. 人工费　　　　B. 规费　　　　C. 措施费　　　　D. 企业管理费

30. 工程建设投资构成中，土地使用费属于（　　）。
    A. 工程建设其他费用　　　　　　　　B. 设备购置费
    C. 建筑安装工程费　　　　　　　　　D. 基本预备费

31. 不属于工程建设其他费用构成的是（　　）。
    A. 与土地有关的费用　　　　　　　　B. 与项目建设有关的费用
    C. 与企业未来生产经营有关的费用　　D. 建筑安装工程费

32. 建筑安装工程费用组成中，（　　）不属于规费。
    A. 养老保险费　　　　B. 失业保险费　　　　C. 工伤保险费　　　　D. 劳动保护费

33. 根据《建筑安装工程费用项目组成》的规定，（　　）不属于材料费的组成内容。
    A. 采购及保管费　　　　　　　　　B. 运输损耗费
    C. 检验试验费　　　　　　　　　　D. 运杂费

34. 建安工程企业管理费中的检验试验费是用于（　　）试验的费用。
    A. 一般材料　　　　B. 构件破坏性　　　C. 新材料　　　　D. 新构件

35. 根据《建设工程工程量清单计价规范》（GB 50500—2013）规定，建筑安装工程费用由分部分项工程、措施项目费、其他项目费和（　　）构成。
    A. 直接费、间接费、其他项目费　　　B. 分部分项工程、措施项目费
    C. 规费及税金　　　　　　　　　　D. 直接费、间接费

36. 其他项目清单是指分部分项工程量清单、措施项目清单所包含的内容以外，因招标人的特殊要求而发生的与拟建工程有关的其他费用项目和相应数量的清单，一般不包括（　　）。
    A. 总承包服务费　　B. 规费　　　　　C. 计日工　　　　D. 暂列金额和暂估价

37. 根据现行《建筑安装工程费用项目组成》（建标〔2013〕44 号），施工现场环境保护费应计入建筑安装工程（　　）。
    A. 风险费用　　　　B. 规费　　　　　C. 措施费　　　　D. 企业管理费

38. 根据现行《建筑安装工程费用项目组成》（建标〔2013〕44 号），企业按规定应缴纳的财产保险费属于（　　）。
    A. 人工费　　　　　B. 规费　　　　　C. 措施费　　　　D. 企业管理费

39. 根据现行《建筑安装工程费用项目组成》（建标〔2013〕44 号），职工的劳动保护费应计入（　　）。
    A. 人工费　　　　　B. 企业管理费　　C. 措施费　　　　D. 规费

40. 根据现行《建筑安装工程费用项目组成》（建标〔2013〕44 号），材料费不包括（　　）。
    A. 材料原价　　　　B. 运杂费　　　　C. 保管费　　　　D. 检验试验费

41. 明确投资控制者的任务和职能分工，是投资控制的（　　）措施。
    A. 合同　　　　　　B. 组织　　　　　C. 技术　　　　　D. 经济

42. 监理工程师参与处理索赔事宜，是投资控制的（　　）措施。
    A. 合同　　　　　　B. 组织　　　　　C. 技术　　　　　D. 经济

43. 下列施工阶段投资控制措施中，属于组织措施的是（　　）。
    A. 编制资金使用计划　　　　　　　　B. 编制详细的工作流程图
    C. 对设计变更进行技术经济分析　　　D. 对投资支出做出分析与预测

44. 下列措施中，属于投资控制技术措施的是（　　）。
    A. 编制投资控制工作流程　　　　　　B. 参与合同修改
    C. 审核竣工结算　　　　　　　　　　D. 对变更方案进行技术经济分析

45. 建设工程投资控制最有效的手段是（　　）。

A. 责权利相结合　　　　　　　　　B. 技术与经济相结合

C. 注重合同管理　　　　　　　　　D. 注重组织协调

46. 编制详细的工作流程图是投资控制的（　　）措施。

A. 合同　　　　B. 经济　　　　C. 技术　　　　D. 组织

47. 协商确定工程变更的价款，审核竣工结算是投资控制的（　　）措施。

A. 合同　　　　B. 组织　　　　C. 技术　　　　D. 经济

48. 监理工程师参与处理索赔事宜，是投资控制的（　　）措施。

A. 合同　　　　B. 组织　　　　C. 技术　　　　D. 经济

49. 对承包商的施工组织设计进行审核、对主要的施工方案进行技术经济分析，是投资控制的（　　）措施。

A. 经济　　　　B. 组织　　　　C. 技术　　　　D. 合同

50. 对混凝土构筑物的体积、钻孔灌注桩的长度进行计量的方法适合采用（　　）。

A. 图纸法　　　B. 估价法　　　C. 均摊法　　　D. 分解计量法

51. 根据《建设工程工程量清单计价规范》（GB 50500—2013），当实际工程量比招标工程量清单中的工程量减少15％以上时，对综合单价进行调整的方法是（　　）。

A. 减少后剩余部分的工程量的综合单价调高

B. 减少后整体部分的工程量的综合单价调低

C. 减少约定部分的工程量的综合单价调低

D. 减少约定部分的工程量的综合单价调高

52. 最准确地计算索赔费用的方法是（　　）。

A. 修正的总费用法　　　　　　　　B. 总费用法

C. 实际费用法　　　　　　　　　　D. 最快路径法

53. 《建设工程工程量清单计价规范》（GB 50500—2013）规定：发包人认为需要进行现场计量核实时，应在计量前（　　）小时通知承包人，承包人应为计量提供便利条件并派人参加。

A. 7　　　　　B. 10　　　　　C. 14　　　　　D. 24

54. 《建设工程工程量清单计价规范》（GB 50500—2013）规定：当承包人认为发包人核实后的计量结果有误时，应在收到计量结果通知后的（　　）天内向发包人提出书面意见。

A. 7　　　　　B. 10　　　　　C. 14　　　　　D. 24

55. 按照《建设工程施工合同（示范文本）》，监理工程师工程计量结果视为有效的是（　　）。

A. 承包人在计量前12小时收到通知但未参加的工程计量

B. 承包人在计量前24小时收到通知但未参加的工程计量

C. 对承包人超出设计图纸范围的工程进行的工程计量

D. 收到承包人已完工程量报告的 8 天后进行的工程计量

56. 根据 FIDIC 施工合同条件，对于工程量清单中的某些项目，如保养气象记录设备保养测量设备费用，一般用（　　）进行计量支付。
    A. 均摊法　　　　　B. 凭证法　　　　　C. 估价法　　　　　D. 分解计量法

57. 根据 FIDIC 施工合同条件，为了解决一些包干项目的支付时间过长，影响承包商的资金流动等问题的工程计量的方法是（　　）。
    A. 均摊法　　　　　B. 凭证法　　　　　C. 估价法　　　　　D. 分解计量法

58. 根据《建设工程工程量清单计价规范》（GB 50500—2013），若合同未约定，当工程量清单项目的工程量偏差在（　　）以内时，其综合单价不作调整执行原有的综合单价。
    A. 5%　　　　　B. 15%　　　　　C. 10%　　　　　D. 20%

59. 某独立土方工程，招标文件中估计工程量为 1 万 m^3，合同中约定土方工程单价 20 元/m^3，当实际工程量超过估计工程量 10% 时，需调整单价，单价调为 18 元/m^3。该工程结算时实际完成土方工程量为 1.2 万 m^3，则土方工程款为（　　）万元。
    A. 21.6　　　　　B. 23.6　　　　　C. 23.8　　　　　D. 24.0

60. 某独立土方工程，根据《建设工程工程量清单计价规范》（GB 50500—2013）签订了固定单价合同，招标工程量为 3000m^3，承包人标书中土方工程报价为 55 元/m^3。合同约定：当实际工程量超过估计工程量 15% 时，超过部分工程量单价调整为 50 元/m^3。工程结束时实际完成并经监理确认的土方工程量为 4500m^3，则土方工程总价为（　　）元。
    A. 242250　　　　　B. 240000　　　　　C. 247500　　　　　D. 225000

61. 根据《建设工程工程量清单计价规范》（GB 50500—2013），当实际工程量比招标工程量清单中的工程量增加 15% 以上时，对综合单价进行调整的方法是（　　）。
    A. 增加后整体部分的工程量的综合单价调低
    B. 增加后整体部分的工程量的综合单价调高
    C. 超出约定部分的工程量的综合单价调低
    D. 超出约定部分的工程量的综合单价调高

62. 根据《建设工程工程量清单计价规范》（GB 50500—2013），采用清单计价的某分部分项工程，招标控制价的综合单价为 350 元，承包人投标报价的综合单价为 300 元，该工程投标报价总的下浮率为 5%，结算时，该分部分项工程工程量比清单工程量增加 16%，且合同未确定综合单价调整方法，则对该综合单价的正确处理方式（　　）。
    A. 调整为 257 元　　　　　　　　　B. 调整为 282.63 元
    C. 不做任何调整　　　　　　　　　D. 调整为 345 元

63. 采用清单计价的某分部分项工程，招标控制的综合单价为 320 元，投标报价的综合单为 265 元，该工程投标报价下浮率为 5%，结算时，该分部分项工程工程量比清单量增加了 18%，且合同未确定综合单价调整方法，则综合单价的处理方式是（　　）。

A. 上浮 18%

B. 下调 5%

C. 调整为 292.5 元

D. 可不调整

64. 某建设工程项目，承包商在施工过程中发生如下人工费：完成业主要求的合同外工作花费 3 万元；由于业主原因导致工效降低，使人工费增加 2 万元；施工机械故障造成人员窝工损失 0.5 万元。则承包商可索赔的人工费为 （　　）万元。

A. 2.0　　　　　　B. 3.0　　　　　　C. 5.0　　　　　　D. 5.5

65. 根据《建设工程工程量清单计价规范》（GB 50500—2013），因不可抗力事件导致的损害及其费用增加，应由承包人承担的是 （　　）。

A. 工程本身的损害

B. 发包方现场的人员伤亡

C. 承包人的施工机械损坏

D. 工程所需修复费用

66. 某埋管沟槽开挖分项工程，采用单价合同承包，价格为 18000 元/1000m，计日工每工日工资标准 30 元，管沟长 10km。在开挖过程中，由于建设方原因，造成施工方 8 人窝工 5 天，施工方原因造成 5 人窝工 10 天，由此施工方提出的人工费索赔应是（　　）元。

A. 1200.0　　　　B. 1500.0　　　　C. 1950.0　　　　D. 2700.0

67. 最常用的计算索赔费用的方法是 （　　）。

A. 总费用法

B. 修正的总费用法

C. 关键线路法

D. 实际费用法

68. 下列事件中，需要进行现场签证的是 （　　）。

A. 合同范围以内零星工程的确认（以外）

B. 修改施工方案引起工程量增减的确认

C. 承包人原因导致设备窝工损失的确认

D. 合同范围以外新增工程的确认

69. 某工程的合同总价为 4000 万元，工程预付款为 600 万元，主要材料、构配件所占比重为 60%。则，该工程预付款的起扣点为 （　　）万元。

A. 600　　　　　B. 1000　　　　　C. 3000　　　　　D. 3400

70. 《建设工程施工合同（示范文本）》（GF—2017—0201）对工程索赔的规定，承包人应在知道或应当知道索赔事件发生后 （　　）天内，向监理人递交索赔意向通知书，并说明发生索赔事件的事由。

A. 28　　　　　　B. 14　　　　　　C. 10　　　　　　D. 7

71. 《建设工程施工合同（示范文本）》（GF—2017—0201）规定，除专用合同条款另有约定外，发包人应在进度款支付证书或临时进度款支付证书签发后 （　　）天内完成支付。

A. 7　　　　　　B. 10　　　　　　C. 14　　　　　　D. 28

72. 按照我国《建设工程施工合同（示范文本）》（GF—2017—0201）的规定，除专用合同条款另有约定外，承包人应在工程竣工验收合格后 （　　）天内向发包人和监理人提交竣工结算申请单，并提交完整的结算资料。

  A. 7   B. 14   C. 21   D. 28

73. 按照我国《建设工程施工合同（示范文本）》（GF—2017—0201）的规定，除专用合同条款另有约定外，监理人应在收到竣工结算申请单后（ ）天内完成核查并报送发包人。

  A. 7   B. 14   C. 21   D. 28

74. 监理方的工程造价控制资料不包括（ ）。

  A. 工作联系单   B. 工程价款支付报审表

  C. 工程款支付证书   D. 会议纪要

75. 下列费用中，属于工程建设其他费用的是（ ）。

  A. 设置及工器具购置费   B. 建设期利息

  C. 基本预备案   D. 勘察设计费

76. 下列项目监理机构施工阶段投资控制的措施中，属于技术措施的是（ ）。

  A. 审核承包人编制的施工组织设计 B. 复核工程付款账单，签发付款证书

  C. 审核竣工结算   D. 编制施工阶段投资控制工作计划

77. 下列费用中，属于建筑安装工程费中检验试验费的是（ ）。

  A. 对构件实行一般鉴定、检查所发生的费用

  B. 新材料的试验费

  C. 建设单位委托检测机构实行检验的费用

  D. 对构件实行破坏性试验的费用

78. 建筑安装工程费中工伤保险费的计算基础是（ ）。

  A. 定额直接费   B. 定额人工费

  C. 定额人工费和机械费   D. 定额人工费和材料费

79. 进口一套机械设备，离岸价（FOB价）为40万美元，国际运费为5万美元，国外运输保险费为1.2万美元，关税税率为22%，汇率为1美元＝6.10元人民币。则该套机械设备应缴纳的进口关税为（ ）万元人民币。

  A. 53.68   B. 55.29   C. 60.39   D. 62.00

80. 下列费用中，属于建设单位管理费的是（ ）。

  A. 拆迁补偿费 B. 工程招标费 C. 环境影响评价费 D. 工程保险费

81. 某建设项目从银行贷款2000万元，年利率8%，每季度复利一次，则该贷款的年实际利率为（ ）。

  A. 7.76%   B. 8.00%   C. 8.24%   D. 8.56%

82. 下列投资方案经济评论指标中，属于偿债水平指标的是（ ）。

  A. 资本金净利润率 B. 投资回收期 C. 利息备付率 D. 内部收益率

83. 某项目初期投资额为500万元，此后自第1年年末开始每年年末的作业费用为40万

元，方案的寿命期为 10 年。10 年后的净残值为 0。若基准收益率为 10%，则该项目总费用的现值是（　　）万元。

    A. 746.14　　　　　B. 834.45　　　　　C. 867.58　　　　　D. 900.26

84. 某建设项目，第 1～3 年每年年末投入建设资金 500 万元，第 4～8 年每年年末获得利润 800 万元，则该项目的静态投资回收期为（　　）年。

    A. 3.87　　　　　B. 4.88　　　　　C. 4.90　　　　　D. 4.96

85. 价值工程中的全寿命周期费用是指（　　）。

    A. 生产过程发生的全部成本

    B. 从开始使用至报废过程中发生的费用总和

    C. 产品存续期的总成本

    D. 生产费用、使用费用及维护费用之和

86. 根据功能重要水准选择价值工程对象的方法称为（　　）。

    A. 因素分析法　　　B. ABC 分析法　　　C. 强制确定法　　　D. 价值指数法

87. 某产品的目标成本为 2000 元。该产品某零部件的功能重要性系数是 0.32，若现实成本为 800 元，则该零部件成本需要降低（　　）元。

    A. 160　　　　　B. 210　　　　　C. 230　　　　　D. 240

88. 下列措施项目中，不作为竞争性费用的是（　　）。

    A. 夜间施工增加费　　　　　　　　B. 冬雨期施工增加费

    C. 安全文明施工费　　　　　　　　D. 二次搬运费

89. 下列费用中，应列入其他项目清单的是（　　）。

    A. 专业工程暂估价　　　　　　　　B. 安全文明施工费

    C. 二次搬运费　　　　　　　　　　D. 夜间施工增加费

90. 采用可调总价合同时，发包方承担了（　　）风险。

    A. 实物工程量　　　B. 成本　　　C. 工期　　　D. 通货膨胀

91. 根据《建设工程施工合同（示范文本）》（GF—2013—0201），监理人应在收到承包人提交的工程量报告后（　　）天内，完成对工程量报表的审核并发送发包人。

    A. 7　　　　　B. 14　　　　　C. 21　　　　　D. 28

92. 某工程原定 2013 年 9 月 20 日竣工，因承包人原因，致使工程延至 2013 年 10 月 20 日竣工。但在 2013 年 10 月因法规的变化导致工程造价增加 120 万元，工程合同价款应（　　）。

    A. 调增 60 万元　　　B. 调增 60 万元　　　C. 调增 60 万元　　　D. 不予调整

93. 某分项工程招标工程量清单为 1000m³。施工中因为设计变更调整为 1200m³。该分项工程招标控制价单价为 300 元/m³。投标报价单价为 360 元/m³。根据《建设工程工程量清单计价规范》（GB 50500—2013）该分项工程的结算款为（　　）元。

    A. 420000　　　　　B. 429000　　　　　C. 431250　　　　　D. 432000

94. 某分项工程合同价为 6 万元，采用价格指数实行价格调整。可调值部分占合同总价的 70％，可调值部分由 A、B、C 三项成本要素构成，分部占可调值部分的 20％、40％、40％，基准日期价格指数均为 100，结算依据的价格指数分别为 110、95、103，则结算的价款为（   ）万元。

    A. 4.83   B. 6.05   C. 6.63   D. 6.90

95. 根据《建设工程工程量清单计价规范》（GB 50500—2013），当承包人投标报价中材料单价低于基准单价时，施工期间材料单价涨幅以（   ）为基础，超过合同约定的风险幅度值的，其超过部分按实调整。

    A. 投标报价   B. 招标控制价   C. 基准单价   D. 实际单价

96. 某工程在施工过程中，应不可抗力造成在建工程损失 16 万元。承包方受伤人员医药费 4 万元，施工机具损失 6 万元，施工人员窝工费 2 万元，工程清理修复费 4 万元。承包人即时向项目监理机构索赔申请，并附有相关证明材料。则项目监理机构应批准的补偿金额为（   ）万元。

    A. 20   B. 22   C. 24   D. 32

97. 最常用的计算索赔费用的方法是（   ）。

    A. 总费用法   B. 修正的总费用法
    C. 关键线路法   D. 实际费用法

98. 某工程施工至 2013 年 12 月底，经分析，已完工作预算投资为 100 万元；已完工作实际投资为 115 万元；计划工程预算投资为 110 万元。则该工程的进度偏差为（   ）。

    A. 超前 15 万元   B. 延误 15 万元   C. 超前 10 万元   D. 延误 10 万元

99. 《关于推进建筑信息模型应用的指导意见》在（   ）发布，明确了 BIM 发展目标和各方的重要工作，将极大促进 BIM 发展。

    A. 2011 年 6 月   B. 2012 年 6 月   C. 2014 年 7 月   D. 2015 年 6 月

100. 《关于推进建筑信息模型应用的指导意见》到 2020 年末，以国有资金投资为主的大中型建筑，申报绿色建筑的公共建筑和绿色生态示范小区项目勘察设计、施工、运营维护中，集成应用 BIM 的项目比率达到（   ）。

    A. 70％   B. 80％   C. 90％   D. 100％

101. 生产性建设工程总投资包括（   ）和铺底流动资金两部分。

    A. 设备工器具投资   B. 建筑安装工程投资
    C. 流动资金   D. 建设投资

102. 建设工程投资构成中的"积极投资"是指（   ）。

    A. 软件工程投资   B. 引进技术投资
    C. 工程建设其他投资   D. 设备工器具投资

103. 根据设计要求，在施工过程中需对某新型钢筋混凝土屋架进行一次破坏性试验，以验证设计的正确性，此项试验费应由（   ）支付。

    A. 设计单位   B. 建设单位的研究试验费

C. 施工单位的直接费　　　　　　　　　　D. 施工单位的间接费

104. 生产单位提前进厂参加施工、设备安装、调试等人员的工资、工资性补贴、劳动保护费等应从（　　　）中支付。

   A. 建筑安装工程费　　　　　　　　　　B. 设备购置费

   C. 生产准备费　　　　　　　　　　　　D. 预备费

105. 工程结算时的工程量应以招标人或由其授权委托的监理工程师核准的（　　　）为依据。

   A. 清单中的工程量　　　　　　　　　　B. 预算工程量

   C. 实际完成量　　　　　　　　　　　　D. 计划完成量

106. 在可行性研究报告中，（　　　）评价的主要内容包括：环境条件调查；影响环境因素分析；环境保护措施。

   A. 社会评价　　　　B. 资源条件　　　　C. 国民经济评价　　　　D. 环境影响

107. 在项目环境影响评价中，影响环境因素的分析包括（　　　）。

   A. 破坏环境因素分析　　　　　　　　　B. 治理措施方案分析

   C. 治理方案比选　　　　　　　　　　　D. 环境效益对比

108. 在单因素敏感性分析图中，影响因素直线（　　　），说明该因素越敏感。

   A. 斜率为正　　　　　　　　　　　　　B. 斜率为负

   C. 斜率绝对值越大　　　　　　　　　　D. 斜率绝对值越小

109. 推行限额设计时，可以采用被批准的（　　　）作为限额设计的目标值。

   A. 投资估算　　　　B. 设计概算　　　　C. 修正总概算　　　　D. 施工图预算

110. 由于设计深度不够，不能准确地计算工程量，或投资较小、比较简单的项目，有类似指标可以利用时，可采用（　　　）编制设计概算。

   A. 概算定额法　　　　B. 概算指标法　　　　C. 朗格系数法　　　　D. 生产能力指数法

111. 通风工程概算应列入（　　　）。

   A. 建筑工程概算　　　　　　　　　　　B. 设备工器具费用概算

   C. 设备安装工程概算　　　　　　　　　D. 工程建设其他费用概算

112. 在投标报价中，承包商应按招标单位提供的工程量清单的每一单项计算填写单价和合价，在开标后发现投标单位没有填写单价和合价的项目，（　　　）。

   A. 允许投标单位补充填写

   B. 视为废标

   C. 由招标人退回投标书

   D. 认为此费用已包括在工程量清单的其他单价和合价中

113. 某企业拟建一幢宿舍楼，预计建设工期为半年，在与承包方签订工程承包合同时已具备了施工详图和详细的设备材料清单，这类工程适宜采用（　　　）合同形式。

   A. 固定总价　　　　　　　　　　　　　B. 估计工程量单价

C. 可调总价   D. 可调单价

114. 采用估计工程量单价合同时，最后工程的总价是按（   ）计算确定的。
     A. 业主提出的暂估工程量清单及承包商所填报的单价
     B. 业主提出的暂估工程量清单及其实际发生的单价
     C. 实际完成的工程量及其承包商所填报的单价
     D. 实际完成的工程量及其实际发生的单价

115. "工程量清单前言和技术规范"作为工程计量不可缺少的依据之一，是因为它不仅规定了清单中每项工程的计量方法，同时还规定了每项单价所包括的（   ）。
     A. 工作内容   B. 工作范围
     C. 工程内容和范围   D. 工程内容及方案

116. 在建设工程竣工决算中，不计入新增固定资产价值的有（   ）。
     A. 已经投入生产或交付使用的建筑安装工程造价
     B. 勘察设计费
     C. 施工机构迁移费
     D. 其他在建的建筑安装工程造价

117. 计算建设工程投资时，按（   ）顺序计算，并逐层汇总。
     A. 分项、分部、单位、单项工程   B. 土建、安装设备工程
     C. 分部、分项、单项、单位工程   D. 设备、土建、安装工程

118. 建安工程直接工程费不包括（   ）。
     A. 人工费   B. 材料费   C. 其他直接费   D. 施工机械使用费

119. 施工阶段控制建安工程投资的目标是（   ）。
     A. 投资估算   B. 设计概算   C. 修正概算   D. 施工图预算

120. 为完成工程项目施工，发生于该工程施工前和施工过程中非工程实体项目的费用是指（   ）。
     A. 措施费   B. 直接工程费   C. 间接费   D. 规费

121. 工程网络计划费用优化的目的是寻求（   ）。
     A. 资源有限条件下的最短工期安排   B. 工程总费用最低时的工期安排
     C. 满足要求工期的计划安排   D. 资源使用的合理安排

122. 工程业主情况、设计单位情况、咨询单位情况也影响着建设工程投资，这说明（   ）也是影响建设工程投资的重要因素。
     A. 工程技术文件   B. 要素市场价格信息
     C. 建设工程环境条件   D. 国家的有关规定

123. 项目环境治理方案比选的内容不包括（   ）。
     A. 技术水平对比   B. 治理效果对比   C. 财务效益对比   D. 环境效益对比

124. 敏感性分析的步骤内容包括：（1）确定进行敏感性分析的经济评价指标，（2）选定

需要分析的不确定因素，（3）计算敏感度系数并对敏感因素进行排序，（4）计算因不确定因素变动引起的评价指标的变动值，（5）计算变动因素的临界点。正确的步骤顺序为（　　）。

A. 2-1-4-3-5　B. 1-2-3-4-5　　C. 2-1-3-4-5　　D. 1-2-4-3-5

125. 工业建设项目为了获得最大利润，同时又能有效地防范和降低投资风险，在建设前期阶段选择方案时应尽量选取（　　）的方案。

A. 产品销售价格盈亏平衡点高　　　　B. 不确定性因素敏感性强

C. 生产能力利用率盈亏平衡点高　　　D. 销售收入盈亏平衡点低

126. 推行限额设计时，施工图设计阶段的直接控制目标是（　　）。

A. 经批准的投资估算　　　　　　　　B. 经批准的设计概算

C. 经批准的施工图预算　　　　　　　D. 经确定的合同价

127. 设计概算是指在（　　），由设计单位按照设计要求概略地对拟建工程从立项开始到交付使用全过程所发生地建设费用的文件。

A. 初步设计阶段　　　　　　　　　　B. 可行性研究阶段

C. 技术设计阶段　　　　　　　　　　D. 项目建议书阶段

128. 在建筑单位工程的概算中，有些无法直接计算的零星项目，可根据定额规定，按主要工程费用的（　　）计算。

A. 2%～3%　　　　B. 3%～4%　　　　C. 4%～5%　　　　D. 5%～8%

129. 当工程总报价确定后，通过调整标价内部各项目的价格，使其不影响总价，但又能在结算时获得较好的经济效益的投标技巧称为（　　）。

A. 先亏后盈法　　B. 不平衡报价法　　C. 内部协调法　　D. 多方案报价法

130. 在编制投标报价时，下列工作应首先完成的是（　　）。

A. 审核工程量清单　　　　　　　　　B. 编制施工方案或施工组织设计

C. 熟悉招标文件　　　　　　　　　　D. 现场勘察

131. 建设单位或承包单位提出的变更，应提交（　　）。

A. 总监理工程　　　　　　　　　　　B. 专业监理工程师

C. 设计单位　　　　　　　　　　　　D. 建设单位

132. 工程项目竣工财务决算报表中，可分为大中型和小型工程项目竣工财务决算报表。小型工程项目竣工决算财务报表比大中型缺少（　　）。

A. 工程项目概况表　　　　　　　　　B. 财务决算审批表

C. 交付使用资产明细表　　　　　　　D. 交付使用资产总表

133. 建设工程投资控制最主要的阶段是（　　）。

A. 施工阶段　　　　B. 招标阶段　　　　C. 竣工验收阶段　　　D. 设计阶段

134. 采用装运港船上交货价（FOB）进口设备时，卖方的责任是（　　）。

A. 承担货物装船后的一切费用和风险

B. 承担国际运费

C. 负责提供有关装运单据

D. 负责办理保险及支付保险费

135. 对建筑材料、构件和建筑安装物进行一般鉴定、检查所发生的费用包括自设试验室进行试验所耗用的材料费属于（　　）。

    A. 措施费　　　　　B. 材料费　　　　　C. 间接费　　　　　D. 规费

136. 夜间施工增加费、材料二次搬运费属于（　　）的内容。

    A. 直接工程费　　B. 措施费　　　　C. 现场经费　　　　D. 规费

137. 在建筑工程定额的编制中，国家应（　　）。

    A. 根据不同的地区差别，制订不同的定额标准

    B. 指导性地给出各地区工程造价的变化幅度范围

    C. 制订统一的工程量计算规则、项目划分和计量单位

    D. 合理地体现定额的指令性特点

138. 在编制建设工程投资估算法，审查相应内容，整理并调整定案具有准确性高，较好地反映实际价格水平的施工图预算编制方法是（　　）。

    A. 单价法　　　　B. 扩大单价法　　　C. 实物法　　　　D. 分项详细估算法

139. 综合单价法中的单价也称为（　　）。

    A. 市场费用单价　B. 全费用单价　　C. 直接工程费单价　D. 扩大单价

140. 最高限额成本加固定最大酬金确定的合同中，如果承包商的实际工程成本在报价成本与限额成本之间，则可得到（　　）的支付。

    A. 成本加酬金　　　　　　　　　　B. 全部成本

    C. 成本、酬金及成本降低额分成　　D. 酬金

141. 编制按（　　）分解的资金使用计划，通常可利用控制项目进度的网络图进一步扩充而得。

    A. 子项目　　　　B. 时间进度　　　C. 投资构成　　　　D. 形象进度

142. 编制资金使用计划过程中最重要的步骤是（　　）。

    A. 选择合适的编制方法　　　　　　B. 确定资金总额

    C. 分解项目的投资目标　　　　　　D. 调整计划值

143. 在施工机械使用费中的窝工费计算，如系租赁设备，一般按（　　）计算。

    A. 实际租金和调进调出费的分摊　　B. 实际租金分摊

    C. 台班折旧费　　　　　　　　　　D. 按分包合同规定的内容

144. 工程设计变更由（　　）审查批准。

    A. 业主　　　　　B. 监理工程师　　C. 原设计单位　　D. 造价工程师

145. 联动无负荷试车费属于（　　）。

    A. 建设单位的设备购置费　　　　　B. 建设单位的联合试运转费

C. 建设单位的研究试验费　　　　　　　D. 施工单位的设备安装工程费

146. 教育费附加的计费基础是（　　　　）。
    A. 直接工程费＋间接费＋计划利润　　　B. 直接工程费
    C. 营业税　　　　　　　　　　　　　　D. 直接工程费＋间接费

147. 编制地区单位计价表的基础是（　　　　）。
    A. 工程合同价　　　B. 估算指标　　　C. 概算定额　　　D. 预算定额

148. 其他项目清单列项不包括（　　　　）。
    A. 环境保护　　　B. 预留金　　　C. 总承包服务费　　D. 材料购置费

149. 反映项目清偿能力的主要评价指标是（　　　　）。
    A. 静态投资回收期　　　　　　　　　　B. 动态投资回收期
    C. 固定资产投资借款偿还期　　　　　　D. 投资利润率

150. 建设工程物资供应计划的编制应（　　　　）。
    A. 在确定计划需求量的基础上，经综合平衡后完成
    B. 在确定工程项目建设总进度计划的基础上完成
    C. 根据申请与订货计划的落实情况，经综合平衡后完成
    D. 根据审批后的施工总进度计划，经综合平衡后完成

151. 建设工程物资供应计划的编制应（　　　　）。
    A. 在确定计划需求量的基础上，经综合平衡后完成
    B. 在确定工程项目建设总进度计划的基础上完成
    C. 根据申请与订货计划的落实情况，经综合平衡后完成
    D. 根据审批后的施工总进度计划，经综合平衡后完成

152. 在工程建设的（　　　　）阶段，需要确定工程项目的质量要求，并与投资目标相协调。
    A. 项目建议书　　　B. 可行性研究　　　C. 项目决策　　　D. 勘察、设计

153. 在某建设工程过程中，由于出现脚手架倒塌事故而造成实际进度拖后，承包商根据
    监理工程师指令采取赶工措施后，仍未能按合同工期完成所承包的任务，则承包
    商（　　　　）。
    A. 应承担赶工费，但不需要向业主支付误期损失赔偿费
    B. 不需要承担赶工费，但应向业主支付误期损失赔偿费
    C. 不仅要承担赶工费，还应向业主支付误期损失赔偿费
    D. 既不需要承担赶工费，也不需要向业主支付误期损失赔偿费

154. 编制物资需求计划的依据包括（　　　　）。
    A. 物资供应计划　　　　　　　　　　　B. 物资储备计划
    C. 工程款支付计划　　　　　　　　　　D. 项目总进度计划

155. 在施工过程中，监理工程师见证取样的试验费用应由（　　　　）支付。
    A. 建设单位　　　B. 监理单位　　　C. 施工单位　　　D. A＋C

156. 项目在计算期内财务净现值为零时的折现率为（　　）。

    A. 静态收益率　　　B. 动态收益率　　　C. 财务内部收益率　　D. 基准折现率

157. 在可行性研究的基本工作步骤中，说法不正确的是（　　）。

    A. 在市场调查与预测前，就应制订可行性研究的工作计划

    B. 进行方案编制与优化前，应进行项目的财务评价

    C. 项目评价包括环境评价、财务评价、国民经济评价、社会评价及风险分析等

    D. 市场预测中应对项目产品未来市场的供求信息进行定性与定量分析

158. 基准收益率是（　　）。

    A. 财务评价中的辅助评价指标　　　　　B. 投资者对投资收益率的最低期望值

    C. 投资者对投资收益率的最高期望值　　D. 投资者对投资收益率的平均期望值

159. 下列估算方法中，属于流动资金的估算方法是（　　）。

    A. 分项详细估算法　　　　　　　　　　B. 朗格系数法

    C. 设备费用百分比　　　　　　　　　　D. 资金周转率法

160. 偿债备付率高说明（　　）。

    A. 投资风险较小　　　　　　　　　　　B. 投资风险较大

    C. 债务人当年经营可能较差　　　　　　D. 债务人偿债能力较差

161. 正确理解和运用设计标准（　　）。

    A. 是设计阶段投资控制的依据　　　　　B. 是施工阶段投资控制的基础

    C. 是设计阶段投资控制的前提　　　　　D. 是投资控制的重点

162. 审查施工图预算的重点，应放在（　　）等方面。

    A. 预算文件的组成

    B. 总设计图和工艺流程

    C. 工程量计算是否准确，单价套用是否正确，各项取费标准是否符合规定

    D. 审查项目的三废治理

163. 在审查施工图预算时，可按预算定额顺序或施工的先后顺序进行审查的方法是（　　）。

    A. 逐项审查法　　　　　　　　　　　　B. 分解审查法

    C. 施工顺序审查法　　　　　　　　　　D. 重点审查法

164. 下列说法中，符合标底价格编制原则的是（　　）。

    A. 标底价格应由成本、税金组成，不包含利润部分

    B. 一个工程可根据投标企业的不同编制若干个标底价格

    C. 标底的计价依据可由编制单位自主选择

    D. 标底价格作为招标单位的期望计划价，应力求与市场的实际变化相吻合

165. 措施项目清单不包括（　　）。

    A. 临时设施　　　　B. 脚手架　　　　C. 二次搬运　　　　D. 零星工作项目

166. 在 FIDIC 合同条件下，承包商应提交（　　），说明：①根据合同应完成的所有工作

的价值；②承包商认为根据合同或其他规定应支付给他的任何其他款额。

A. 竣工报表   B. 最终报表和结清单

C. 最终付款证书   D. 履约证书

167. 每一条 S 形曲线都对应某一特定的工程进度计划，所有工作按（　　）时间开始进行安排，对节约建设单位的建设资金贷款利息是有利的。

A. 最早完成   B. 最迟完成   C. 最早开始   D. 最迟开始

168. 我国现实行建筑安装工程价款结算相当一部分是按月结算方式。若发包人不按合同约定支付月进度款，双方又未达成延期付款协议，导致施工无法进行，由（　　）承担违约责任。

A. 承包人   B. 监理工程师   C. 发包人   D. 分包人

169. 建筑安装工程费、设备工器具购置费、工程建设其他费和基本预备费组成（　　）。

A. 动态投资   B. 静态投资   C. 建设投资   D. 工程总投资

170. 建筑安装企业组织施工生产和经营管理所需的费用是指（　　）。

A. 措施费   B. 规费   C. 企业管理费   D. 其他直接费

171. 以下哪项不应归入建安工程人工费（　　）。

A. 生产工人学习、培训期间工资   B. 生产工人基本工资

C. 生产工人工资性补贴   D. 职工养老保险费

172. 工程量清单主要用于编制招标工程的标底价格和供投标人进行投标报价，由（　　）提供。

A. 招标人   B. 国家统一   C. 监理机构   D. 承包人

173. 工程量清单是工程（　　）的重要组成部分。

A. 招标文件   B. 监理规划   C. 企业定额   D. 定额

174. 财务内部收益率是指项目对初始投资的偿还能力或项目对贷款利率的（　　）承受能力。

A. 最小   B. 最大   C. 全部   D. 部分

175. 如果一个工业建设工程的盈亏平衡产量（或生产负荷率）低，承受风险的能力就（　　）。

A. 小   B. 大   C. 低   D. 等于零

176. 市场调查的直接调查法不包括（　　）。

A. 通过媒体对信息进行收集   B. 书面形式向被调查者询问

C. 观察法   D. 实验法

177. 投资者对投资的最低期望值称为（　　）。

A. 内部收益率   B. 资本金收益率   C. 基准收益率   D. 投资利润率

178. 分析拟建项目对当地社会的影响和当地社会条件对项目的适应性和可接受程度是指（　　）评价。

A. 环境影响　　　　B. 财务　　　　　　C. 国民经济　　　　D. 社会

179. 下列（　　　）指标可以说明企业的偿债能力。

A. 投资利润率　　　B. 内部收益率　　　C. 利息备付率　　　D. 净现值率

二、多项选择题

1. 监理方的工程造价控制资料不包括（　　　）。

A. 工作联系单　　　　　　　　　B. 工程价款支付报审表

C. 费用索赔报审表　　　　　　　D. 会议纪要

2. 下列费用中属于静态投资的有（　　　）。

A. 设备工器具购置费　　　　　　B. 与建设有关的费用

C. 建设期贷款利息　　　　　　　D. 基本预备费

E. 价差预备费

3. 下列费用中，属于动态投资的有（　　　）。

A. 基本预备费　　　　　　　　　B. 建筑安装工程费

C. 设备及工器具购置费　　　　　D. 涨价预备费

E. 建设期利息

4. 关于建设项目投资，下列费用中属于动态投资的有（　　　）。

A. 设备工器具购置费　　　　　　B. 建筑工程费

C. 建设期贷款利息　　　　　　　D. 基本预备费

E. 涨价预备费

5. 建设项目投资中，不属于动态投资的有（　　　）。

A. 基本预备费　　　　　　　　　B. 建筑安装工程费

C. 设备及工器具购置费　　　　　D. 涨价预备费

E. 建设期利息

6. 建设工程项目中的建设投资包括（　　　）。

A. 涨价预备费　　　　　　　　　B. 建筑安装工程费

C. 设备及工器具购置费　　　　　D. 铺底流动资金

E. 建设期利息

7. 建设项目投资控制的重点在于（　　　）。

A. 投资决策阶段　　　　　　　　B. 施工阶段

C. 验收阶段　　　　　　　　　　D. 招投标阶段

E. 设计阶段

8. 建设工程项目的建设投资包括（　　　）。

A. 铺底流动资金　　　　　　　　B. 建筑安装工程费

C. 设备及工器具购置费　　　　　D. 预备费

E. 建设期利息

9. 根据现行《建筑安装工程费用项目组成》，材料费包括（　　）。

    A. 材料原价　　　　　　　　　　　B. 运杂费

    C. 采购及保管费　　　　　　　　　D. 检验试验费

    E. 运输损耗费

10. 根据现行《建筑安装工程费用项目组成》，措施项目费包括（　　）。

    A. 环境保护费　　　　　　　　　　B. 工程排污费

    C. 文明施工费　　　　　　　　　　D. 安全施工费

    E. 脚手架工程费

11. 根据现行《建筑安装工程费用项目组成》，下列费用中不属于建施工机械使用费的有（　　）。

    A. 机械折旧费　　　　　　　　　　B. 已完工程及设备保护费

    C. 机械经常修理费　　　　　　　　D. 大型机械进出场及安拆费

    E. 机械操作人员工资

12. 根据现行《建筑安装工程费用项目组成》，下列费用中不属于人工费的有（　　）。

    A. 职工教育经费　　　　　　　　　B. 工会经费

    C. 高空作业津贴　　　　　　　　　D. 节约奖金

    E. 加班、加点工

13. 根据现行《建筑安装工程费用项目组成》，下列费用中不属于规费的有（　　）。

    A. 劳动保护费　　　　　　　　　　B. 养老保险费

    C. 工伤保险费　　　　　　　　　　D. 医疗保险费

    E. 劳动保险费

14. 下列费用中，属于建筑安装工程费用施工机械使用费的有（　　）。

    A. 机械折旧费　　　　　　　　　　B. 机械大修理费

    C. 机械经常修理费　　　　　　　　D. 大型机械进出场及安拆费

    E. 机械操作人员工资

15. 下列费用中，属于建筑安装工程人工费的有（　　）。

    A. 职工教育经费　　　　　　　　　B. 工会经费

    C. 高空作业津贴　　　　　　　　　D. 节约奖金

    E. 探亲假期间工资

16. 建筑安装工程费用中的安全文明施工费包括（　　）。

    A. 环境保护费　　　　　　　　　　B. 冬雨期施工增加费

    C. 临时设施费　　　　　　　　　　D. 夜间施工增加费

    E. 特殊地区施工增加费

17. 下列费用中，属于安全文明施工费的有（　　）。

    A. 环境保护费用　　　　　　　　　B. 设备维护费用

    C. 脚手架工程费用　　　　　　　　D. 临时设施费用

E. 工程定位复测费用

18. 根据《建设工程工程量清单计价规范》（GB 50500—2013），应计入社会保险费的有（   ）。
    A. 养老保险费
    B. 失业保险费
    C. 医疗保险费
    D. 劳动保险费
    E. 工伤保险费

19. 根据现行《建筑安装工程费用项目组成》（建标〔2013〕44 号），建筑安装工程费按照费用构成要素划分，包括（   ）。
    A. 企业管理费
    B. 人工费
    C. 材料费
    D. 规费
    E. 措施费

20. 根据现行《建筑安装工程费用项目组成》（建标〔2013〕44 号），建筑安装工程费按照造价形成划分，包括（   ）。（还有其他项目费、税金）
    A. 措施项目费
    B. 人工费
    C. 材料费
    D. 规费
    E. 分部分项工程费

21. 根据现行《建筑安装工程费用项目组成》（建标〔2013〕44 号），建筑安装工程费按照造价形成划分，其他项目费包括（   ）。
    A. 暂估价
    B. 暂列金额
    C. 计日工
    D. 总承包服务费
    E. 规费

22. 根据现行《建筑安装工程费用项目组成》（建标〔2013〕44 号），建筑安装工程费按照费用构成要素划分，施工机械使用费包括（   ）。
    A. 大型机械进出场及安拆费
    B. 折旧费
    C. 人工费
    D. 燃料动力费
    E. 大修理费

23. 根据现行《建筑安装工程费用项目组成》（建标〔2013〕44 号），建筑安装工程费按照费用构成要素划分，企业管理费不包括（   ）。
    A. 增值税
    B. 社会保险费
    C. 住房公积金
    D. 差旅交通费
    E. 工具用具使用费

24. 建设单位招标控制价的构成中，其他项目费包括（   ）。
    A. 暂列金额
    B. 索赔与现场签证费
    C. 总承包服务费
    D. 计日工
    E. 规费

25. 根据现行《建筑安装工程费用项目组成》（建标〔2013〕44 号），建筑安装工程费按照费用构成要素划分，材料费包括（　　　　）。

    A. 采购及保管费   B 工器具使用费

    C. 运杂费   D. 运输损耗费

    E. 检验试验费

26. 安全施工的"四口"是指（　　　　）。

    A. 楼梯口   B. 大门口

    C. 电梯井口   D. 通道口

    E. 预留洞口

27. 监理工程师在施工阶段进行投资控制的经济措施有（　　　　）。

    A. 分解投资控制目标   B. 进行工程计量

    C. 严格控制设计变更   D. 审查施工组织设计

    E. 审核竣工结算

28. 监理工程师在施工阶段进行投资控制的组织措施有（　　　　）。

    A. 编制本阶段的详细的工作流程图   B. 进行任务分工和职能分工

    C. 严格控制设计变更   D. 落实投资控制的施工跟踪人员

    E. 签发付款证书

29. 监理工程师在施工阶段进行投资控制的组织措施不包括（　　　　）。

    A. 编制本阶段的详细的工作流程图   B. 进行任务分工和职能分工

    C. 严格控制设计变更   D. 落实投资控制的施工跟踪人员

    E. 签发付款证书

30. 监理工程师在施工阶段进行投资控制的经济措施有（　　　　）。

    A. 协商确定工程变更价款   B. 进行工程计量

    C. 严格控制设计变更   D. 对设计变更进行技术经济比较

    E. 审核竣工结算

31. 在施工阶段，下列因不可抗力造成的损失中，属于承包人承担的有（　　　　）。

    A. 在建工程的损失   B. 第三方人员受伤产生的医疗费

    C. 施工机具的损坏损失   D. 施工机具的停工损失

    E. 工程清理修复费用

32. 监理方的工程造价控制资料包括（　　　　）。

    A. 监理月报   B. 监理通知单

    C. 费用索赔报审表   D. 会议纪要

    E. 工程款支付报审表

33. 施工方的工程造价控制资料包括（　　　　）。

    A. 会议纪要   B. 工程款支付报审表

    C. 工程计量报审表   D. 工作联系单

    E. 工程款支付证书

34. 监理工程师在施工阶段进行投资控制的合同措施包括（　　）。

  A. 分解投资控制目标   B. 进行工程计量

  C. 做好工程施工记录   D. 审查施工组织设计

  E. 保存各种文件图纸

35. 监理工程师在施工阶段进行投资控制的技术措施不包括（　　）。

  A. 分解投资控制目标   B. 对设计变更进行技术经济分析

  C. 进行工程计量   D. 审查施工组织设计

  E. 对主要施工方案进行技术经济分析

36. 施工阶段工程计量的依据包括（　　）。

  A. 工程量清单   B. 质量合格证书

  C. 设计图纸   D. 技术规范中的"计量支付"条款

  E. 工程量清单前言

37. 根据 FIDIC 合同条件的规定，工程计量的方法一般包括（　　）。

  A. 均摊法   B. 估价法

  C. 凭据法   D. 图纸法

  E. 概算法

38. 工程计量时，监理人应予计量的工程量有（　　）。

  A. 承包人超出设计图纸和设计文件要求所增加的工程量

  B. 工程量清单中的工程量

  C. 有缺陷工程的工程量

  D. 工程变更导致增加的工程量

  E. 承包人原因导致返工的工程量

39. 下列承包人增加的人工费中，可以向发包人索赔的事件有（　　）。

  A. 特殊恶劣气候导致的人员窝工费

  B. 法定人工费增长而增加的人工费

  C. 由于非承包商责任的工效降低而增加的人工费

  D. 监理工程师原因导致工程暂停的人员窝工费

  E. 完成合同之外的工作增加的人工费

40. 下列费用中，承包人可以获得发包人补偿的有（　　）。

  A. 承包人为保证混凝土质量选用高标号水泥而增加的材料费

  B. 现场承包人仓库被盗而损失的材料费

  C. 非承包人责任的工程延期导致的材料价格上涨费

  D. 设计变更增加的材料费

  E. 冬雨期施工增加的材料费

41. 施工合同履行期间，关于因不可抗力事件导致合同价款和工期调整的说法正确的
  有（　　）。

A. 工程修复费用由承包人承担

B. 承包人的施工机械设备损坏由发包人承担

C. 工程本身的损坏由发包人承担

D. 发包人要求赶工的，赶工费用由发包人承担

E. 工程所需清理费用由发包人承担

42. 在施工阶段，下列因不可抗力造成的损失中，属于发包人承担的有（　　　）。

    A. 在建工程的损失　　　　　　　　B. 承包人施工人员受伤产生的医疗费

    C. 施工机具的损坏损失　　　　　　D. 施工机具的停工损失

    E. 工程清理修复费用

43. 监理方的工程造价控制资料包括（　　　）。

    A. 工程计量报审表　　　　　　　　B. 监理通知单

    C. 费用索赔报审表　　　　　　　　D. 会议纪要

    E. 工作联系单

第4章　建设工程项目质量控制

一、单项选择题

1. 建设工程施工过程中，分项工程交接多、中间产品多、隐蔽工程多，因此质量存在（　　）。
   A. 局限性　　　　　B. 波动性　　　　　C. 隐蔽性　　　　　D. 复杂性

2. 在工程建设中，（　　）对其自行选择设计、施工单位发生的质量问题承担相应责任。
   A. 建设单位　　　　B. 监理单位　　　　C. 总包单位　　　　D. 咨询单位

3. 施工图设计文件审查是由（　　）对施工图进行结构安全和强制性标准、规范执行情况等进行的独立审查。
   A. 设计行政主管部门　　　　　　　　B. 设计审查机构
   C. 建设行政主管部门　　　　　　　　D. 工程监理单位

4. 在正常使用条件下，电气管线、给排水管道、设备安装和装修工程，最低保修期限为（　　）。
   A. 1年　　　　　　B. 2年　　　　　　C. 3年　　　　　　D. 4年

5. 施工质量控制按工程实体质量形成过程的时间阶段分为（　　）控制。
   A. 分项工程、分部工程、单位工程　　B. 资源投入、生产过程、最终产品
   C. 施工准备、施工过程、竣工验收　　D. 设计单位、施工单位、监理单位

6. 施工质量控制按工程实体形成过程中物质形态转化的阶段可分为（　　）质量控制。
   A. 施工准备、施工过程、竣工验收
   B. 分项工程、分部工程、单位工程
   C. 施工人员、建筑材料、机械设备
   D. 投入的物质资源、施工过程、完成工程产出品

7. 由监理工程师现场监督承包单位某工序全过程完成情况的活动，称之为（　　）。
   A. 检查　　　　　　B. 旁站　　　　　　C. 见证　　　　　　D. 巡视

8. 无论是建设、施工、监理还是设计单位提出的工程变更或图纸修改，经审查并经有关方面研究后，由（　　）发布变更指令方能生效予以实施。
   A. 建设单位代表　　B. 设计单位代表　　C. 专业监理工程师　D. 总监理工程师

9. 指令文件是表达（　　）对施工承包单位提出指示或命令的书面文件。
   A. 建设单位　　　　B. 总工程师　　　　C. 监理工程师　　　D. 业主代表

10. 量测法的手法可归纳为靠、吊、量、（　　）。
    A. 套　　　　　　　B. 摸　　　　　　　C. 敲　　　　　　　D. 照

11. 由总包单位或安装单位采购的设备，采购前要向（　　　）提交设备采购方案，经审查同意后，方可实施。
    A. 总设备工程师   B. 监理工程师
    C. 总工程师   D. 设备安装工程师

12. 选择一个合格的供货厂商，是（　　　）设备质量控制工作的首要环节。
    A. 市场采购   B. 厂家订购   C. 招标采购   D. 订货采购

13. 施工现场质量管理检查记录表应由施工单位填写，（　　　）进行检查，并作出检查结论。
    A. 总工程师   B. 项目经理   C. 总监理工程师   D. 监理工程师

14. 建筑工程施工质量验收时，对涉及结构安全和使用功能的分部工程应进行（　　　）。
    A. 抽样检测   B. 全数检验   C. 无损检测   D. 见证取样检测

15. 直接经济损失在（　　　）万元以上的工程质量事故，为重大质量事故。
    A. 5   B. 8   C. 10   D. 15

16. 对总体中全部个体编号，采用抽签、摇号、随机数字表等方法确定中选号码，相应的个体为样品。这种方法为（　　　）。
    A. 纯随机抽样   B. 分层抽样   C. 等距抽样   D. 整群抽样

17. 将总体按与研究目的有关的某一特性分为若干组，在每组内随机抽取样品组成样本的方法称为（　　　）。
    A. 简单随机抽样   B. 分层抽样   C. 等距抽样   D. 多阶段抽样

18. 在质量控制中，系统整理分析某个质量问题与其产生原因之间的关系可采用（　　　）。
    A. 排列图法   B. 因果分析图法   C. 直方图法   D. 控制图法

19. 单位工程竣工验收时，对观感质量验收的检查结论应由（　　　）签认。
    A. 建设单位   B. 总监理工程师
    C. 质量监督站   D. 建设、施工、监理共同

20. 分项工程验收合格的条件，除其所含检验批合格外，还应（　　　）。
    A. 质量控制资料完整   B. 观感质量验收应符合要求
    C. 质量验收记录应完整   D. 主要功能项目抽查结果应

21. 在制定检验批抽样方案时，对于一般项目，对应于合格质量水平的 α 不宜超过 5%，β 不宜超过（　　　）。
    A. 5%   B. 8%   C. 10%   D. 12%

22. 下列质量事故中，属于建设单位责任的是（　　　）。
    A. 商品混凝土未经检验造成的质量事故
    B. 总包和分包职责不明造成的质量事故
    C. 施工中使用了禁止使用的材料造成的质量事故
    D. 地下管线资料不准造成的质量事故

23. 当隐蔽工程列为施工质量见证点时，监理工程师在隐蔽前所进行的监督检查，除见证施工过程外，还要见证（　　）。

A. 施工环境状况　　　　　　　　　　B. 施工作业条件

C. 劳动组织及工种配合状况　　　　　D. 隐蔽部位的覆盖过程

24. 按照工程质量事故处理程序要求，监理工程师在质量事故发生后签发《工程暂停令》的同时，应要求施工单位在（　　）小时内写出质量事故报告。

A. 12　　　　　　B. 24　　　　　　C. 36　　　　　　D. 48

25. 在建设工程质量特性中，（　　）是指在规定的条件下，满足规定功能要求使用的年限。

A. 适用性　　　　B. 耐久性　　　　C. 可靠性　　　　D. 安全性

26. 工程质量是指工程满足（　　）的需要，符合国家法律、法规、技术规范标准、设计文件及合同规定的特性综合。

A. 施工方　　　　B. 业主　　　　　C. 监理方　　　　D. 设计方

27. 建设工程质量特性中，"满足使用目的的各种性能"称为工程的（　　）。（2009 年真题）

A. 适用性　　　　B. 可靠性　　　　C. 耐久性　　　　D. 目的性

28. 在影响工程质量的因素中，（　　）是工程质量的基础。

A. 人员素质　　　B. 工程材料　　　C. 施工机械　　　D. 工艺方法

29. 在工程建设的（　　）阶段，需要确定工程项目的质量要求，并与投资目标相协调。

A. 项目建议书　　B. 可行性研究　　C. 项目决策　　　D. 勘察、设计

30. 工程建设的不同阶段对工程项目质量的形成起着不同的作用和影响，决定工程质量的关键阶段是（　　）。（2018 年真题）

A. 可行性研究阶段　B. 决策阶段　　　C. 设计阶段　　　D. 保修阶段

31. 大力推进采用新技术、新工艺、新方法，不断提高工艺技术水平，（　　）是保证工程质量稳定提高的重要因素。

A. 工程材料　　　B. 机械设备　　　C. 方法　　　　　D. 环境条件

32. 建设工程质量的特点是由（　　）的特点决定的。

A. 建设规模和建设生产　　　　　　B. 建设投资和建设规模

C. 建设工程本身和建设生产　　　　D. 建设工程本身和建设规模

33. 建设工程施工过程中，监理人员在进行质量检验时将不合格的建设工程误认为是合格的，主要原因是（　　）。（2004 年真题）

A. 有大量的隐蔽工程　　　　　　　B. 施工中未及时进行质量检查

C. 工程质量的评价方法具有特殊性　D. 工程质量具有较大的波动性

34. 质量控制是通过采取一系列的（　　）对各个过程实施控制的。

A. 检测验收　　　　　　　　　　　　B. 作业技术和活动

C. 施工工艺的改进　　　　　　　　　D. 技术把关

35. 某工程施工过程中，监理工程师要求承包单位在工程施工之前根据施工过程质量控制的要求提交质量控制点明细表并实施质量控制，这是（　　）的原则要求。

    A. 坚持质量第一　　　　　　　　　　　　B. 坚持质量标准

    C. 坚持预防为主　　　　　　　　　　　　D. 坚持科学的职业道德规范

36. 政府、勘察设计单位、建设单位都要对工程质量进行控制，按控制的主体划分，政府属于工程质量控制的（　　）。（2016年真题）

    A. 自控主体　　　　B. 外控主体　　　　C. 间控主体　　　　D. 监控主体

37. 监理工程师在工程建设过程中应自始至终把（　　）作为对工程质量控制的基本原则。

    A. 质量第一的原则　　　　　　　　　　　B. 以人为核心的原则

    C. 以预防为主的原则　　　　　　　　　　D. 质量标准的原则

38. 工程质量控制应该是积极主动地对影响质量的各种因素加以控制，也就是在工程质量控制中应坚持（　　）的原则。（2007年真题）

    A. 以预防为主　　　B. 以人为核心　　　C. 质量第一　　　　D. 质量标准

39. 实行总分包的工程，分包应按照分包合同约定对其分包工程的质量向总包单位负责，总包单位与分包单位对分包工程的质量承担（　　）。

    A. 连带责任　　　　B. 违约责任　　　　C. 违法责任　　　　D. 赔偿责任

40. 监理单位在责任期内，不按监理合同约定履行监理职责，给建设单位或其他单位造成损失的，应承担（　　）责任。

    A. 违法　　　　　　B. 法律　　　　　　C. 赔偿　　　　　　D. 连带

41. 凡涉及建筑主体和承重结构变动的装修工程，设计方案应经（　　）审批后方可进行施工。（2008年真题）

    A. 原审查机构　　　B. 原设计单位　　　C. 质量监督机构　　D. 监理单位

42. 实行总承包的工程，（　　）应对全部建设工程质量负责。

    A. 总承包单位　　　B. 设计单位　　　　C. 建设单位　　　　D. 监理单位

43. 设计单位提供的设计文件应当符合国家规定的设计深度要求，并注明工程合理（　　）。

    A. 工程造价　　　　B. 工程工期　　　　C. 使用年限　　　　D. 施工方案

44. 监理单位故意弄虚作假，降低工程质量，造成质量事故的，要承担（　　）责任。

    A. 违约　　　　　　B. 法律　　　　　　C. 赔偿　　　　　　D. 补偿

45. 我国建设工程质量监督管理的具体实施者是（　　）。（2009年真题）

    A. 建设行政主管部门　　　　　　　　　　B. 工程质量监督机构

    C. 监理单位　　　　　　　　　　　　　　D. 建设单位

46. 工程质量监督管理的主体是（　　）和其他有关部门。

    A. 建设单位　　　　　　　　　　　　　　B. 监理单位

    C. 设计单位　　　　　　　　　　　　　　D. 各级政府建设行政主管部门

47. 某建设工程在保修范围和保修期限内发生了质量问题，经查是由于不可抗力造成的，应由 （ ） 承担维修的经济责任。

A. 建设参与各方根据国家具体政策

B. 监理单位

C. 施工单位

D. 体现勘察、设计单位意图的勘察、设计规划大纲、纲要和合同文件

48. 施工图设计文件的审核是根据国家法律、法规、技术标准与规范，对工程项目的结构安全和强制性标准、规范执行情况等进行的独立审查，审查工作由 （ ） 进行。

A. 建设行政主管部门　　　　　　　　B. 监理单位

C. 质量监督站　　　　　　　　　　　D. 施工图审查机构

49. 工程质量检测工作是对工程质量进行监督管理的重要手段之一。法定的国家级工程质量检测机构出具的检测报告，在国内具有 （ ） 性质。

A. 最高裁定　　　B. 最终裁定　　　C. 一般裁定　　　D. 行政裁定

50. 在建设行政主管部门领导和标准化管理部门指导下开展检测工作，其出具的检测报告具有法定效力。法定的国家级检测机构出具的检测报告，在国内为最终裁定，在国外具有 （ ） 的性质。

A. 最终裁定　　　B. 法定效力　　　C. 代表国家　　　D. 代表工程

51. 审查机构完成施工图设计文件审查后，应向建设行政主管部门提交 （ ）。

A. 委托审查通知书　　　　　　　　　B. 技术性审查报告

C. 施工图设计文件　　　　　　　　　D. 施工图审查批准书

52. 施工图审查过程中，由 （ ） 向建设行政主管部门报送施工图。

A. 建设单位　　　B. 设计单位　　　C. 监理单位　　　D. 施工单位

53. 施工图审查批准后，如确需进行修改，必须重新报请 （ ），由其委托审查机构进行审批后再批准实施。

A. 原审批部门　　　　　　　　　　　B. 原审查机构

C. 建设部　　　　　　　　　　　　　D. 上一级审批部门

54. 工程质量监督机构是经 （ ） 建设行政主管部门或有关专业部门考核认定的具有独立法人资格的单位。

A. 县级以上　　　B. 县、市级以上　　C. 省级以上　　　D. 国务院

55. 施工图审查机构应在收到审查材料后 （ ） 个工作日内完成审查工作，并提出审查报告。

A. 10　　　　　　B. 20　　　　　　C. 7　　　　　　D. 14

56. 根据质量管理条例规定，装修工程最低保修期限为 （ ）。

A. 5 年　　　　　　　　　　　　　　B. 规定的合理使用年限

C. 2 年　　　　　　　　　　　　　　D. 终身

57. 在正常使用条件下，建筑工程屋面防水工程、有防水要求的卫生间、房间和外墙面的防渗漏的最低保修期限为（　　）。

A. 2 年　　　　　　B. 4 年　　　　　　C. 5 年　　　　　　D. 终身

58. 建设工程质量保修书应由（　　）出具。

A. 建设单位向建设行政主管部门　　　B. 建设单位向用户

C. 承包单位向建设单位　　　　　　　D. 承包单位向监理单位

59. 在工程竣工验收时，施工单位的质量保修书中应明确规定保修期限。基础设施工程、房屋建筑工程的地基基础和主体结构工程的最低保修期限，在正常使用条件下为（　　）。（2006 年真题）

A. 终身保修　　　　B. 30 年　　　　　C. 50 年　　　　　D. 设计文件规定的年限

60. 保修期间，因施工安装单位的施工和安装质量原因造成的问题，由（　　）负责保修及承担费用。

A. 设计单位　　　　B. 原施工单位　　　C. 物业单位　　　　D. 材料供应单位

61. （　　）的质量对于建设项目的质量起着决定性的作用。

A. 招投标阶段　　　　　　　　　　　B. 可行性研究阶段

C. 施工阶段　　　　　　　　　　　　D. 勘察、设计阶段

62. 设计的质量除了要满足业主所需的功能和使用价值外，还必须遵守有关（　　）等一系列的技术标准、规范、规程，这是保证设计质量的基础。

A. 业主提供的勘察文件、设计说明　　B. 城市规划、环保、防灾、安全

C. 法律、法规、强制性措施　　　　　D. 业主、施工单位、监理单位

63. 勘察工作不仅要满足设计的需要，更要以（　　）的精神保证所提交勘察报告的准确性、及时性，为设计的安全、合理提供必要的条件。

A. 求真务实　　　　B. 不畏艰辛　　　　C. 敢于冒险　　　　D. 科学求实

64. 监理工程师在勘察实施的过程中，应设置报验点，必要时，应进行（　　）。

A. 旁站监理　　　　B. 平行检验　　　　C. 巡回检验　　　　D. 质量监控

65. 设计阶段质量控制，为了有效地控制设计质量，就必须（　　）。

A. 监督设计人员计算、画图　　　　　B. 设计质量跟踪

C. 处理设计变更　　　　　　　　　　D. 协调各专业设计

66. 不可以跨省作业的勘察资质是（　　）。

A. 乙级　　　　　　B. 丙级　　　　　　C. 一级　　　　　　D. 二级

67. 承担工程勘察劳务工作的企业，其资质（　　）。

A. 分为甲、乙级　　　　　　　　　　B. 分为甲、乙、丙级

C. 不分级别　　　　　　　　　　　　D. 只设乙、丙级

68. 检查勘察、设计单位的营业执照，重点是（　　）。

A. 年检结论是否合格　　　　　　　　B. 注册证书的有效性

C. 资金状况 D. 有效期和年检情况

69. 监理工程师对勘察、设计单位资质审核的重点不包括（　　）。（2008年真题）
A. 企业资质的近期变动 B. 营业执照的有效性
C. 注册证书的有效性 D. 资质证书的有效性

70. 不属于勘察阶段监理工作内容的是（　　）。
A. 组织招标 B. 商务谈判 C. 确定质量标准 D. 验收成果

71. 在勘察实施过程中，监理工作应设置（　　），必要时，应进行旁站监理。
A. 勘测标志 B. 勘测点 C. 见证点 D. 报验点

72. 监理工程师在审核勘察单位的勘察实施方案时，应重点审核方案的（　　）。
A. 先进性、可操作性 B. 可行性、精确性
C. 先进性、经济性 D. 可行性、创新性

73. 在实施勘察工作之前，监理工程师应审核勘察单位编制的（　　）。
A. 勘察规划 B. 勘察方案
C. 勘察管理文件 D. 勘察工作责任制

74. 监理工程师在勘察阶段质量控制工作的要点之一是（　　）。
A. 勘察实施方案的制定 B. 勘察工作方案的审查
C. 勘察成果的技术交底 D. 勘察工作的总结报告

75. 监理工程师对勘察文件的质量控制，首先应检查（　　）。
A. 勘察成果是否满足有关条件 B. 勘察技术档案
C. 勘察资金是否合理 D. 勘察工作方案

76. 监理工程师对勘查现场作业质量进行控制时，应检查原始记录表格是否经（　　）签字。（2004年真题）
A. 有关作业人员 B. 现场监理人员 C. 项目负责人 D. 专业监理工程师

77. 在设计准备阶段监理的工作内容中，不应包括（　　）。
A. 编制设计大纲 B. 协助建设单位编制设计招标文件
C. 组织对设计的咨询 D. 编制监理规划

78. 在设计展开阶段，监理工程师要及时检查各专业设计之间相互配合和衔接的情况，这是（　　）的要求。
A. 所确定目标控制计划 B. 对设计工作进行协调控制
C. 对设计进行评审 D. 确定最佳设计方案

79. 在设计准备阶段，监理单位协助建设单位编制设计招标文件，会同建设单位对投标单位进行资质审查，这是（　　）工作。
A. 编制监理规划 B. 编制设计大纲 C. 组织设计招标 D. 组织评标

80. 监理工程师在设计阶段进行质量控制时，采用的主要方法是（　　）。
A. 设计质量跟踪 B. 进行多方案比较

C. 设计工作协调　　　　　　　　　　　　D. 设计质量评价

81. 技术设计阶段监理工程师在审核技术文件的同时，还应审核相应的（　　　）文件。（2009 年真题）

A. 概算　　　　　　　B. 修正概算　　　　　　C. 预算　　　　　　D. 修正预算

82. 监理工程师对技术设计图纸的审核应侧重于（　　　）。（2020 年真题）

A. 各专业设计是否符合预定的质量标准和要求

B. 修正概算文件是否符合投资限额的要求

C. 概算文件是否符合投资限额的要求

D. 新材料、新技术、新工艺的应用

83. 监理工程师对扩大初步设计阶段的质量控制要侧重于（　　　）。

A. 功能投资效益　　　　　　　　　　　　B. 技术方案的研究与选择

C. 初步设计阶段的可行性　　　　　　　　D. 施工图的合理性

84. 在施工管道综合图的设计过程中，当管线布置涉及范围在（　　　）设备专业时，须正式出图。

A. 3 个或 3 个以上　　　　　　　　　　　B. 4 个或 4 个以上

C. 5 个或 5 个以上　　　　　　　　　　　D. 2 个或 2 个以上

85. 施工图审核是指（　　　）对施工图的审核。

A. 设计技术负责人　　B. 监理工程师　　　C. 项目技术负责人　　D. 项目经理

86. 工图审核应按（　　　）对施工图设计成品，特别是对其主要质量特性作出验收评定并签发监理验收结论文件。

A. 地方验收标准　　　　　　　　　　　　B. 国家验收标准

C. 设计任务书和合同的约定质量标准　　　D. 以上 ABC 三个标准

87. 监理工程师对施工图审核时要特别注意（　　　）两种极端情况。

A. 超概算和不超概算　　　　　　　　　　B. 过分设计和不足设计

C. 技术可行和技术不可行　　　　　　　　D. 不满足业主要求和超过业主要求

88. 监理工程师审核施工图的重点是（　　　）。

A. 结构设计是否符合有关规定　　　　　　B. 平面布局是否符合施工用地

C. 消防设计是否符合有关规定　　　　　　D. 使用功能及质量要求是否得到满足

89. 设计交底由（　　　）负责组织。

A. 监理单位　　　　　B. 设计单位　　　　　C. 建设单位　　　　D. 施工单位

90. 施工图设计交底的目的是设计单位向施工单位和监理单位进行（　　　）和说明。（2009 年真题）

A. 设计图纸的交接　　　　　　　　　　　B. 施工和监理任务的部署

C. 质量目标的分解落实　　　　　　　　　D. 设计意图的传达

91. 设计交底应在（　　　）完成。

A. 图纸会审前　　　　B. 施工开始前　　　　C. 施工开始后　　　　D. 设计文件报批前

92. 设计单位向施工单位和承担施工阶段监理任务的监理单位等进行设计交底，交底会议纪要应由（　　）整理，与会各方会签。（2020年真题）

A. 施工单位　　　　B. 监理单位　　　　C. 设计单位　　　　D. 建设单位

93. 按照施工图设计文件使用前的设计变更控制程序，因非设计单位原因引起的设计变更导致的设计费用增减应由（　　）审核签认。（2020年真题）

A. 施工图审查机构　　B. 建设单位　　　　C. 监理单位　　　　D. 设计单位

94. 下述工作中，属施工过程控制的是（　　）。（2008年真题）

A. 设计交底和图纸会审　　　　　　　　B. 施工生产要素配置审查

C. 作业技术交底　　　　　　　　　　　D. 工程质量评定

95. （　　）控制是确保施工质量的先决条件。

A. 施工准备　　　　B. 施工过程　　　　C. 竣工验收　　　　D. 隐蔽工程质量

96. （　　）的质量控制是最基本的质量控制。

A. 检验批　　　　　B. 分项工程　　　　C. 分部工程　　　　D. 施工作业过程

97. 为了便于过程控制和终端把关，按施工层次划分的质量控制系统过程，是指分别对（　　）所进行的控制过程。

A. 施工人员、检验人员、监理人员　　　B. 资源投入、生产过程、产出品

C. 施工准备、施工过程、竣工验收　　　D. 检验批、分项、分部、单位工程

98. 可直接用于施工作业技术活动质量控制的专门技术性法规是（　　）。（2020年真题）

A. 监理规范　　　B. 施工管理规程　　　C. 混凝土验收规范　　D. 电焊操作规程

99. 监理工程师在查对参与投标企业近期承建工程的情况时，在全面了解的基础上，应重点考核（　　）。

A. 建设优质工程的情况　　　　　　　　B. 在工程建设中是否具有良好的信誉

C. 质量保证措施的落实情况　　　　　　D. 与拟建工程相似或接近的工程

100. 按承包能力，施工承包企业可划分为施工总承包、专业承包、劳务分包三个序列，其中施工总承包资质按类别又分为（　　）。

A. 特级、一级、二级、三级　　　　　　B. 一级、二级

C. 甲级、乙级、丙级　　　　　　　　　D. 一级、二级、三级

101. 施工总承包企业的资质等级可分为（　　）。

A. 一级、二级、三级　　　　　　　　　B. 一级、二级、三级、四级

C. 一级、二级、三级、四级、五级　　　D. 特级、一级、二级、三级

102. 施工组织设计是从（　　）的角度，着重于技术质量形成规律来编制全面施工管理的计划文件。

A. 施工部署　　　B. 质量管理标准　　　C. 质量计划　　　　D. 质量手册

103. 主要是针对特定的工程项目为完成预定的质量控制目标，编制专门规定的质量措施、

资源和活动顺序的文件是（　　　）。

    A. 质量标准　　　　　B. 质量计划　　　　　C. 质量目标　　　　　D. 质量要求

104. PDCA 循环中"检查"首先是检查（　　　）。

    A. 实际的施工结果是否达到预定的要求

    B. 施工方案的编制

    C. 有没有严格按照预定的施工方案认真执行

    D. 偏离目标值是否进行纠偏及改正

105. 为确保工程质量，承包单位在施工组织设计中加入了质量目标、质量管理、（　　　）等质量计划的内容。

    A. 质量控制　　　　　B. 质量策划　　　　　C. 质量验收标准　　　D. 质量保证措施

106. 总监理工程师在约定的时间内，组织（　　　）审查承包单位报送的《施工组织设计（方案）报审表》，提出意见后，由（　　　）审核签认。

    A. 项目经理，总工程师　　　　　　　　B. 专业监理工程师，总监理工程师

    C. 建设单位，建设单位负责人　　　　　D. 建设单位，监理单位负责人

107. 施工组织设计需承包单位修改时，由（　　　）签发书面意见，退回承包单位修改后再报审。

    A. 总监理工程师　　　　　　　　　　　B. 专业监理工程师

    C. 建设单位负责人　　　　　　　　　　D. 监理单位负责人

108. 通过审定的施工组织设计由项目监理机构报送（　　　）。

    A. 承包单位　　　　　　　　　　　　　B. 建设单位

    C. 建设行政主管部门　　　　　　　　　D. 质量监督部门

109. 规模大、结构复杂或属新结构、特种结构的工程，项目监理机构对施工组织设计审查后，还应报送（　　　）审查，提出审查意见后由总监理工程师签发。

    A. 建设单位负责人　　　　　　　　　　B. 建设单位技术负责人

    C. 监理单位负责人　　　　　　　　　　D. 监理单位技术负责人

110. 承包单位是否有能力执行并保证工期和质量目标是施工组织设计的（　　　）要求的。

    A. 针对性　　　　　B. 先进性　　　　　C. 可行性　　　　　D. 可操作性

111. 施工组织设计应突出（　　　）的原则。

    A. 质量第一、安全第一　　　　　　　　B. 安全第一、质量第二

    C. 安全第一、预防为主　　　　　　　　D. 质量第一、先进适用

112. 监理工程师审查施工组织设计时，应明确承包单位是否了解并掌握了本工程的特点及难点，这是为了把握施工组织设计的（　　　）。

    A. 可操作性　　　　　B. 先进性　　　　　C. 针对性　　　　　D. 经济性

113. 监理工程师要求（　　　）对给定的原始基准点、基准线和标高等测量控制点复核。

    A. 施工承包单位　　B. 建设单位　　　　　C. 设计单位　　　　　D. 分包单位

114. 监理工程师认为分包单位基本具备分包条件，则应在进一步调查后由（　　）予以书面确认。

A. 总监理工程师　　B. 专业监理工程师　C. 项目法人　　　　D. 项目经理

115. 在现场施工准备的质量控制中，项目监理机构对工程施工测量放线的复核控制工作应由（　　）负责。（2020年真题）

A. 监理单位技术负责人　　　　　　　B. 现场监理员
C. 测量专业监理工程师　　　　　　　D. 总监理工程师

116.《分包单位资质报审表》应由（　　）向监理工程师提交。

　A. 建设单位　　　B. 总承包单位　　　C. 分包单位　　　　D. 设计单位

117. 监理工程师在审查《分包单位资质报审表》时，审查、控制的重点不包括（　　）。

A. 分包单位施工组织者、管理者的资格与质量管理水平
B. 特殊专业工种操作者的素质和能力
C. 新技术、新工艺、新材料应用方面操作者的素质与能力
D. 分包单位项目经理的管理协调能力

118. 监理工程师对分包单位进行调查的目的是（　　）。

A. 核实分包单位在施工现场的施工准备情况
B. 确认分包单位是否具有按工程承包合同规定的条件完成分包工作任务的能力
C. 确认总承包单位与分包单位所签分包协议是否合法
D. 核实总承包单位申报的分包单位情况是否属实

119. 设计交底是保证工程质量的重要环节，设计交底应由（　　）主持。

A. 监理单位　　　B. 建设单位　　　C. 设计单位　　　　D. 施工图审查单位

120. 对于合同中所列工程及工程变更的项目，开工前承包单位必须提交《工程开工报审表》，经（　　）批准后，承包单位才能开始正式进行施工。

A. 监理员　　　　B. 专业监理工程师　C. 总监理工程师　　D. 项目经理

121. 对于质量控制点，一般要（　　），再制定对策和措施进行预控。

A. 事先分析可能造成质量问题的原因
B. 事先分析施工过程中的关键工序
C. 分析施工过程中的薄弱环节
D. 分析施工过程中质量不稳定的工序

122. 在大型临时设备使用前，承包单位必须取得本单位上级（　　）的审查批准，办好相关手续后，监理工程师方可批准投入使用。

A. 劳动安全部门　　B. 质量监督机构　　C. 安全主管部门　　D. 项目监理机构

123. 监理工程师审查批准的承包单位在工程施工前根据施工过程质量控制提交的（　　）作为实施质量预控。

A. 施工组织设计　　　　　　　　　　B. 隐蔽工程明细表
C. 质量控制点明细表　　　　　　　　D. 施工技术参数

124. 难度大的分项工程施工前，承包单位应提交（　　）报监理工程师审查。
    A. 施工方案　　　　B. 技术交底书　　　C. 安全措施方案　　D. 质量计划

125. 工程所需原材料、半成品或构配件，经（　　）审查并确认其合格后方准进场。（2009 年真题）
    A. 施工单位技术负责人　　　　　　B. 施工项目经理
    C. 监理工程师　　　　　　　　　　D. 施工项目技术负责人

126. 按要求存放的材料，在使用前应经（　　）对其质量再次检查确认后，方可允许使用。
    A. 监理员　　　　B. 监理工程师　　　C. 工程技术负责人　D. 项目经理

127. 监理工程师为了保证施工现场作业机械设备的技术性能及工作状态，应做好（　　）工作。
    A. 现场控制　　　B. 进场控制　　　　C. 及时维修　　　　D. 施工组织

128. 工程项目中，承包单位进行施工测量及计量的实验室若是本单位中心实验室的派出部分，则应有（　　）。
    A. 计量主管部门的认证书　　　　　B. 中心实验室的正式委托书
    C. 中心实验室的资质证明文件　　　D. 总监理工程师的确认书

129. 工程作业开始前，承包单位应向监理机构报送实验室（或外委实验室）的（　　）。
    A. 正式委托书　　B. 基本情况　　　　C. 资质证明文件　　D. 各项管理制度

130. 见证取样的送检试验室，一般应是（　　）。
    A. 施工单位的试验室　　　　　　　B. 监理单位指定的试验室
    C. 第三方试验室　　　　　　　　　D. 质监站指定的试验室

131. 按照施工过程中实施见证取样的要求，监理机构中负责见证取样工作的人员一般为（　　）。
    A. 监理员　　　　　　　　　　　　B. 专业监理工程师
    C. 总监理工程师代表　　　　　　　D. 总监理工程师

132. 在工程施工中，工程变更或图纸修改，都应通过（　　）审查并经有关方面研究，确认必要性后，由总监发布变更指令方能生效予以实施。
    A. 监理工程师　　B. 项目技术负责人　C. 总工程师　　　　D. 项目经理

133. 承包单位就工程变更问题向项目监理机构提交《工程变更单》后，由（　　）根据承包单位的申请，经与设计、建设、承包单位研究并做出变更的决定后，签发《工程变更单》。
    A. 监理员　　　　B. 专业监理工程师　C. 总监理工程师　　D. 项目技术负责人

134. 监理工程师应把技术复核工作列为（　　）及质量控制计划中，作为一项经常性工作贯穿于整个施工过程中。
    A. 监理大纲　　　B. 监理手册　　　　C. 监理规划　　　　D. 监理细则

135. 对涉及施工作业技术活动的基准和依据的技术工作，应由（　　）进行技术复核。
    A. 监理工程师　　　B. 现场监理员　　　C. 承包单位　　　D. 建设单位

136. 见证取样是保证工程质量的手段之一，见证取样的频率和数量包括在承包单位自检范围内，一般所占比例为（　　）。（2018 年真题）
    A. 10%　　　　　B. 20%　　　　　C. 25%　　　　　D. 30%

137. 施工过程中，监理单位见证取样的试验费用应该由（　　）支付。（2020 年真题）
    A. 施工单位　　　　　　　　　　B. 建设单位
    C. 监理单位　　　　　　　　　　D. 施工和监理单位共同

138. 承包单位提出的见证取样送检的试验室，监理工程师应（　　）。（2020 年真题）
    A. 提出担保要求　　　B. 进行实地考察　　　C. 提供试验计划　　　D. 规定试验设备

139. 对于承包单位提出的工程变更要求，总监理工程师在签发《工程变更单》之前，应就工程变更引起的工期改变和费用增减（　　）。
    A. 进行分析比较，并指令承包单位实施
    B. 要求承包单位进行比较分析，以供审批
    C. 要求承包单位与建设单位进行协商
    D. 分别与建设单位和承包单位进行协商

140. 承包单位要求作某些技术修改时，应向（　　）提交《工程变更单》。
    A. 原设计单位　　　B. 项目监理机构　　　C. 建设单位　　　D. 建设行政主管部门

141. 施工承包单位提出的技术修改问题一般由（　　）组织承包单位和现场设计代表参加，经各方同意后签字并形成纪要。作为工程变更单附件，经总监批准后实施。
    A. 监理员　　　　　B. 专业监理工程师　　　C. 总监理工程师　　　D. 项目技术负责人

142. 承包单位提出的工程变更如果涉及结构主体及安全时，该工程变更就要按有关规定报送（　　）进行审批，否则变更不能实施。
    A. 建设单位上级主管部门　　　　　　B. 当地质检部门
    C. 建设行政主管部门　　　　　　　　D. 施工图原审查部门

143. 对设计单位提交的"设计变更通知"由（　　）进行研究。
    A. 建设单位会同设计、施工单位
    B. 建设单位会同监理、施工单位
    C. 建设单位会同设计、监理、施工单位
    D. 监理单位会同设计、施工单位

144. 建设单位向设计单位报送的《工程变更单》未附有建议的解决方案，设计单位应对该要求进行详细的研究，并准备出自己对该变更的建议方案提交（　　）。
    A. 总监理工程师　　　B. 项目监理机构　　　C. 施工承包单位　　　D. 建设单位

145. 监理工程师对施工单位现场计量操作质量控制的主要内容是（　　）。（2007 年真题）
    A. 对施工过程中使用的计量仪器检测设备的质量控制

B. 对从事计量作业人员技术水平资格的审核

C. 检查作业者的操作方法是否得当

D. 检查现场检测的原始记录是否可靠

146. 监理工程师在对现场实际投料拌制时，应做好（　　）。

A. 配合比复核　　　B. 看板管理　　　C. 资料记录　　　D. 审核确认

147. 监理工程师在对作业活动效果的验收中，如缺少资料和资料不全，监理工程师应（　　）。

A. 补全资料　　　B. 先验收后补资料　C. 拒绝验收　　　D. 边补资料边验收

148. 施工过程中参加建设项目各方沟通情况，解决分歧，形成共识，做出决定的主要渠道是（　　）。

A. 发布指令　　　B. 施工图会审　　　C. 第一次工地例会　D. 工地例会

149. 总监理工程师在施工过程中必须下达停工令的情况为（　　）。（2020 年真题）

A. 未经技术资质审查的施工人员进行现场施工

B. 采用未经审查认可的代用材料

C. 施工中出现质量缺陷的异常情况

D. 承包单位未经许可擅自施工

150. 监理工程师对隐蔽工程现场检查发现不合格，应签发（　　）指令承包单位整改，整改后自检合格再报监理工程师复查。

A. 不合格项目通知　　　　　　　　B. 工程暂停令

C. 报验申请表　　　　　　　　　　D. 隐蔽工程检查记录

151. 隐蔽工程施工完毕，（　　）按有关技术规程、规范、施工图纸先进行检查。

A. 建设单位　　　B. 总监理工程师　C. 承包单位　　　D. 专业监理工程师

152. 检验批完成后，监理工程师对施工质量的检查，必须是在承包单位（　　）的基础上进行。

A. 班组自检和互检　　　　　　　　B. 班组自检和专检

C. 自检　　　　　　　　　　　　　D. 专检

153. 监理工程师通过"吊"进行质量检验时，主要是用于（　　）。

A. 检查垂直度　　　　　　　　　　B. 墙面的平整度

C. 确定轴线位置是否偏离　　　　　D. 踏脚线的垂直度

154. 现场进行钢筋混凝土框架结构主体阶段的施工时，若采用的是全现浇的施工方法。其中对支模板工序的稳定性、刚度、强度、结构物轮廓尺寸等应进行（　　）。

A. 全数检验　　　B. 抽样检验　　　C. 免检　　　　　D. 平行检验

155. 理工程师进行隐蔽工程质量验收的前提是（　　），并对施工单位的报验申请表及相关资料进行检查。

A. 施工单位已经自检　　　　　　　B. 施工分包单位已经自检并合格

C. 包单位已经自检并合格　　　　　　　D. 施工单位与施工分包单位已经共同检验

156. 监理工程师对安装模板的稳定性、刚度、强度、结构物轮廓尺寸的检验应采用（　　）。
    A. 抽样检验　　　B. 普遍检验　　　C. 二次检验　　　D. 随机检验

157. 由于基槽部位的重要，在其开挖验收时均要有（　　）的有关人员参加，并请当地或主管质量监督部门参加。
    A. 咨询单位　　　　　　　　　　　　B. 建设单位上的主管部门
    C. 勘察设计单位　　　　　　　　　　D. 分包单位

158. 监理工程师在收到承包单位的隐蔽工程检验申请后，首先对质量证明资料进行审查，并在合同规定的时间内到现场检查，此时，（　　）应随同一起到现场。（2020年真题）
    A. 设计单位代表　　　　　　　　　　B. 项目技术负责人
    C. 建设单位代表　　　　　　　　　　D. 承包方专职质检员和相关施工人员

159. 对拟验收的单位工程，总监理工程师组织验收合格后对承包单位的《工程竣工报验单》予以签认，并上报建设单位，同时提出"工程质量评估报告"，"工程质量评估报告"要由（　　）共同签署。（2019年真题）
    A. 建设单位、设计单位、施工单位技术负责人
    B. 总监理工程师、监理单位技术负责人
    C. 项目经理、总监理工程师
    D. 建设单位项目负责人、项目经理、总监理工程师

160. 施工过程中，监理工程师对施工现场监督检查的方式不包括（　　）。（2018年真题）
    A. 旁站　　　　　B. 专检　　　　　C. 平行检验　　　D. 巡视

161. 监理工程师运用得非常慎用而严肃的管理手段是（　　）。
    A. 一般管理文书　　B. 利用支付手段　　C. 监理工程师函　　D. 指令文件

162. 施工阶段质量控制的手段不包括（　　）。
    A. 审核技术文件、报告和报表　　　　B. 现场监督和检查
    C. 利用支付手段　　　　　　　　　　D. 严把开工关

163. 监理工程师要对施工质量做出独立判断，必须应用（　　）手段取得依据。（2009年真题）
    A. 承包单位自检　　B. 平行检验　　　C. 承包单位互检　　D. 交叉检验

164. 旁站是指在关键部位或关键工序施工过程中由（　　）在现场进行的监督活动。
    A. 总监理工程师　　　　　　　　　　B. 专业监理工程师
    C. 总监理工程师代表　　　　　　　　D. 监理人员

165. 所谓支付控制权是：对施工承包单位支付任何工程款项，均需由（　　）审核签认支付证明书。
    A. 现建设单位　　B. 总包单位　　　C. 总监理工程师　　D. 监理工程师

166. 设备的购置是影响设备质量的关键环节，设备安装单位直接从市场上采购设备时，设备采购方案最终需获得（　　）批准。(2016年真题)
    A. 设计单位现场代表　　　　　　　　B. 建设单位项目负责人
    C. 监理单位项目总监　　　　　　　　D. 总包单位项目负责人

167. 生产厂家订购设备，其质量控制工作的首要环节是对（　　）进行评审。(2018年真题)
    A. 质量合格标准　　B. 合格供货厂商　　C. 适宜运输方式　　D. 工艺方案的合理性

168. 设备监造是根据设备采购要求和设备订货合同对设备制造过程进行的监督活动，监造人员原则上由（　　）派出。(2018年真题)
    A. 总承包单位　　B. 设备安装单位　　C. 监理单位　　D. 设备采购单位

169. 厂家设备制造的质量监控，可采用驻厂监造、巡回监控和（　　）方式。(2009年真题)
    A. 委托厂家监控　　　　　　　　　　B. 设置质量控制点监控
    C. 定期监控　　　　　　　　　　　　D. 日常监控

170. （　　）要按设计文件实施，要符合有关的技术要求和质量标准。
    A. 设备采购　　B. 设备监造　　C. 设备验收　　D. 设备安装

171. 监理工程师对安装单位进行设备就位的质量控制主要是（　　）。
    A. 对测量结果复核　　　　　　　　　B. 确定基准线
    C. 选择适当的测点　　　　　　　　　D. 检查设备质量证明资料

172. 在试运行的全过程中，若试车中出现异常，监理工程师应采取的措施是（　　）。
    A. 责令制造单位返工
    B. 返修
    C. 立即分析原因并指令安装单位采取相应措施
    D. 责令发出暂停试车指令

173. 下列不属于建筑工程质量验收标准、规范编制指导思想的是（　　）。(2019年真题)
    A. 强化验收　　B. 完善手段　　C. 加强评定　　D. 过程控制

174. 建设工程中的对安全、卫生、环境保护和公众利益起决定性作用的检验项目为主控项目，因此主控项目是对检验批的基本质量起（　　）影响的检验项目。
    A. 关键　　B. 决定性　　C. 一般　　D. 次要

175. 根据施工质量验收的规定，施工现场质量管理检查记录表应由施工单位填写，然后由（　　）负责检查并做出检查结论。
    A. 总监理工程师　　　　　　　　　　B. 专业监理工程师
    C. 现场监理员　　　　　　　　　　　D. 施工单位质量负责人

176. 按《建筑工程施工质量验收统一标准》的规定，依专业性质、建筑部位来划分的工程属于（　　）。(2014年真题)
    A. 单位工程　　B. 分部工程　　C. 分项工程　　D. 子分部工程

177. 单位（子单位）工程质量控制资料核查记录中的结论，应由（　　）共同签认。
    A. 项目经理、质监站监督员　　　　　B. 项目经理、总监理工程师
    C. 建设、设计、监理、施工单位　　　D. 建设单位项目负责人、总监理工程师

178. 施工过程中，因施工而引起的工程质量问题已出现时，监理工程师应立即向施工单位（　　）。
    A. 签发《监理通知》　　　　　　　　B. 签发《工程暂停令》
    C. 报告业主　　　　　　　　　　　　D. 判断其严重程度

179. 施工单位接到《监理通知》后，在（　　）组织参与下，尽快进行质量问题调查并完成报告编写。
    A. 施工项目经理　　B. 监理工程师　　C. 总监理工程师　　D. 建设单位

180. 工程质量事故的成因共有八个，其中不属于违反法规行为的是（　　）。
    A. 边设计边施工　　B. 非法分包　　　C. 转包　　　　　　D. 擅自修改设计

181. 根据有关规定，凡是因工程质量不合格造成直接经济损失（　　）的称为质量问题。
    A. 高于2000元　　B. 低于2000元　　C. 高于5000元　　D. 低于5000元

182. 对质量问题的存在影响下道工序和分项工程的质量时，其处理方案需征得（　　）同意，批复承包单位处理，处理结果应重新进行验收。
    A. 建设单位　　　　B. 设计单位　　　C. 监理单位　　　　D. 工程质量监督机构

183. 质量问题处理完毕，监理工程师应组织有关人员写出质量问题处理报告，报（　　）存档。
    A. 建设单位和施工单位　　　　　　　B. 施工单位和监理单位
    C. 建设单位和监理单位　　　　　　　D. 建设单位和设计单位

184. 建设工程重大事故的等级是以（　　）为标准划分的。
    A. 直接经济损失额度和人员伤亡数量　B. 违法行为严重程度
    C. 工程项目的规模　　　　　　　　　D. 永久质量缺陷对结构安全的影响程度

185. 按国家现行规定，造成直接经济损失35万元的工程质量事故，应定为（　　）质量事故。
    A. 一般　　　　　　B. 严重　　　　　C. 重大　　　　　　D. 特大

186. 凡造成死亡3人以上9人以下或重伤20人以上或直接经济损失30万元以上不满100万元的是（　　）重大质量事故。
    A. 一级　　　　　　B. 二级　　　　　C. 三级　　　　　　D. 四级

187. 质量事故技术处理方案的制订，应征求（　　）的意见。
    A. 施工单位　　　　B. 事故调查组　　C. 设计单位　　　　D. 建设单位

188. 工程质量事故处理完后，整理编写质量事故处理报告的是（　　）。
    A. 施工单位　　　　B. 监理单位　　　C. 事故调查组　　　D. 事故单位

189. 工程质量事故处理方案的类型有返工处理、不做处理和（　　）。

A. 修补处理　　　　B. 实验验证后处理　C. 定期观察处理　　D. 专家论证后处理

190. 工程质量事故处理方案的确定，需要按照一般处理原则和基本要求进行，其一般处理原则是（　　）。

A. 正确确定事故性质、处理范围　　　B. 安全可靠、不留隐患

C. 满足建筑物的功能和使用要求　　　D. 技术上可行、经济上合理

191. 在工程质量统计分析方法中，寻找影响质量主次因素的方法一般采用（　　）。

A. 排列图法　　　　B. 因果分析图法　　C. 直方图法　　　　D. 控制图法

192. 排列图绘制步骤正确的是（　　）。

A. 画横坐标→画纵坐标→画累计频率曲线→画频数直方形→记录必要的事项

B. 画纵坐标→画横坐标→画频数直方形→画累计频率曲线→记录必要的事项

C. 画横坐标→画纵坐标→画频数直方形→画累计频率曲线→记录必要的事项

D. 画纵坐标→画横坐标→画累计频率曲线→画频数直方形→记录必要的事项

193. 在直方图中，横坐标表示（　　）。

A. 影响产品质量的各因素　　　　　B. 产品质量特性值

C. 不合格产品的频数　　　　　　　D. 质量特性值出现的频数

194. 基于 BIM 的工程项目质量管理包括产品质量管理和（　　）。

A. 技术质量管理　　　　　　　　　B. 人员素质管理

C. 设计图纸质量管理　　　　　　　D. 环境品质管理

195. BIM 在工程项目施工物料管理中的应用不包括（　　）。

A. 公共安全管理　　　　　　　　　B. 建立安装材料 BIM 模型数据库

C. 安装材料分类控制　　　　　　　D. 用料交底

196. 认证机构对获准认证的质量管理体系的有效期为（　　）年。

A. 1　　　　　　　B. 2　　　　　　　C. 3　　　　　　　D. 5

197. 认证机构现场审查的主要目的是（　　）。

A. 判定申请单位的资质水平

B. 判定申请单位的产品生产能力是否满足市场需求

C. 判定申请单位的产品库存情况

D. 判定是否真正具备满足认证标准的能力

198. 质量管理体系认证的实施程序中的关键环节是（　　）。

A. 提出申请　　　　　　　　　　　B. 认证申请的审查与批准

C. 认证机构进行审核　　　　　　　D. 审批与注册发证

199. "持续改进"是质量管理体系八项质量管理原则之一，其作用是为了提高质量管理体系的（　　）。

A. 有效性和效率　　B. 科学性　　　　　C. 管理水平　　　　D. 创造价值能力

200. （　　）为建立和评审质量目标提供了框架。

A. 质量方针
B. 质量管理体系方法
C. 过程方法
D. 质量管理体系评价

201. 将活动和相关的资源作为过程进行管理的质量管理原则是（　　）。
   A. 过程方法
   B. 持续改进
   C. 管理的系统方法
   D. 质量体系过程评价

202. 标准的基本含义就是（　　），就是在特定的地域和年限里对其对象做出"一致性"的规定。
   A. 统一
   B. 规定
   C. 原则
   D. 科学

203. 提高质量管理体系有效性和效率的重要手段是（　　）。
   A. 加强管理者的作用
   B. 采用"过程方法"的结构
   C. 进行质量评审
   D. 突出"持续改进"

204. 在抽样检验中的第二类错误是将不合格品漏判从而给（　　）带来损失。
   A. 生产者
   B. 供应者
   C. 消费者
   D. 检验者

205. 根据检验项目特性所确定的抽样数量，接受标准和方法的是（　　）。
   A. 抽样检验方案
   B. 检验
   C. 接受概率
   D. 批不合格品率

206. 为了确保工程质量事故的处理效果，凡涉及结构承载力等使用安全和其他重要性能的处理结果，通常还需要（　　）。
   A. 请专家论证
   B. 进行定期观测
   C. 做必要的试验和鉴定工作
   D. 请工程质量监督机构认可

207. 有权要求事故单位整理编写质量事故处理报告，并审核确认，组织将有关技术资料归档的是（　　）。
   A. 监理工程师
   B. 原设计单位负责人
   C. 事故调查组负责人
   D. 监理单位监理员

208. 在工程质量事故的处理过程中，可能要进行必要的检测鉴定，可进行检测鉴定的单位是（　　）。
   A. 总监理工程师指定的检测单位
   B. 建设单位指定的检测单位
   C. 政府批准的有资质的法定检测单位
   D. 监理工程师审查批准的施工单位试验室

209. 质量事故技术处理方案核签后，监理工程师应对技术处理过程中的关键部位和关键工序进行（　　），并会同设计、建设等有关单位共同检查认可。
   A. 平行检查
   B. 见证取样
   C. 抽检
   D. 旁站

210. 特别重大质量事故由（　　）按有关程序和规定处理。
   A. 国务院
   B. 国家建设行政主管部门
   C. 国家安全生产主管部门
   D. 省、自治区、直辖市建设行政主管部门

211. 若监理方对工程质量事故有责任，那么，监理方应（　　）。
   A. 组织调查
   B. 参加调查组

C. 配合调查组工作   D. 写出事故调查报告

212. 质量事故发生后，（　　）就所发生的质量事故进行周密的调查、研究掌握情况，并在此基础上写出调查报告，提交监理工程师和业主。
    A. 施工单位有责任   B. 监理单位应要求施工单位
    C. 监理员   D. 事故调查小组

213. 按照我国现行规定，建设工程严重质量事故的调查组由（　　）。
    A. 事故发生地市、县建设行政主管部门组织
    B. 省、自治区、直辖市建设行政主管部门组织
    C. 省、自治区、直辖市建设行政主管部门提出组成意见，人民政府批准
    D. 市、县建设行政主管部门提出组成意见，相应级别人民政府批准

214. 某承包商从一生产厂家购买了相同规格的大批预制构件，进场后码放整齐。对其进行进场检验时，为了使样本更有代表性宜采用（　　）的方法。
    A. 全数检验   B. 分层抽样   C. 简单随机抽样   D. 等距抽样

215. 在下列质量控制的统计分析方法中，需要听取各方意见，集思广益，相互启发的是（　　）。
    A. 排列图法   B. 因果分析图法   C. 直方图   D. 控制图法

二、多项选择题

1. 根据《建设工程质量管理条例》，施工人员对涉及结构安全的（　　）以及有关材料，应当在建设单位或者监理单位监督下现场取样，并送具有相应资质等级的质量检测单位进行检测。
    A. 设备   B. 机具   C. 试块   D. 试件
    E. 器具

2. 根据《建设工程监理规范》（GB 50319—2013），施工承包单位采购的材料、构（配）件、设备进场前，必须向项目监理机构提交工程材料/构（配）件/设备报审表，随表的附件应包括（　　）。
    A. 采购合同复印件   B. 数量清单   C. 质量证明文件   D. 复检结果
    E. 自检结果

3. 下列工程质量问题中，可不做处理的有（　　）。
    A. 不影响结构安全和正常使用的质量问题
    B. 经过后续工序可以弥补的质量问题
    C. 存在一定的质量缺陷，若处理则影响工期的质量问题
    D. 质量问题经法定检测单位鉴定为合格
    E. 出现的质量问题，经原设计单位核算，仍能满足结构安全和使用的功能

4. 监理工程师控制施工阶段工程质量的手段有（　　）。
    A. 审核技术文件、报告和报表   B. 向业主报告质量信息

C. 旁站监督和平行检测　　　　　　　　D. 下达指令性文件

E. 控制工程款的支付

5. 《建设工程质量管理条例》关于施工单位对建筑材料、建筑构配件、设备和商品混凝土进行检验的具体规定有（　　）。

A. 检验结果未经监理工程师签字，不得使用

B. 检验必须按照工程设计要求、施工技术标准和合同约定进行

C. 检验结果未经施工单位质量负责人签字，不得使用

D. 未经检验或者检验不合格的，不得使用

E. 检验应当有书面记录和专人签字

6. 根据《建设工程监理规范》（GB 50319—2013），专业监理工程师的职责包括（　　）。

A. 参与工程质量事故调查

B. 对进场材料、设备、构（配）件进行平行检验

C. 主持整理工程项目的监理资料

D. 负责本专业分项工程验收及隐蔽工程验收

E. 负责本专业的工程计量工作

7. 地基基础、主体结构分部工程的验收，应由总监理工程师组织（　　）进行。

A. 勘察、设计单位工程项目负责人　　　B. 相关金融机构负责人

C. 施工单位技术、质量负责人　　　　　D. 质量监督部门负责人

E. 材料供应单位负责人

8. 依据国家相关法律法规的规定，下列情形中，监理工程师应当承担连带责任的有（　　）。

A. 对应当监督检查的项目不检查或不按照规定检查，给建设单位造成损失的

B. 与施工企业串通，弄虚作假、降低工程质量，从而导致安全事故的

C. 将不合格的建筑材料按照合格签字，造成工程质量事故，由此引发安全事故的

D. 未按照工程监理规范的要求实施监理的

E. 转包或违法分包所承揽的监理业务的

9. 监理工程师在进行工程项目的质量控制过程中应遵循的原则包括（　　）。

A. 坚持质量标准　　　　　　　　　　　B. 坚持分析论证

C. 坚持现场检查　　　　　　　　　　　D. 坚持以人的建设行为为重

E. 坚持公正、科学、守法的职业规范

10. 质量控制点是施工质量控制的重点，（　　）等是作为质量控制点设置的原则。

A. 不合格率较高的内容或工序

B. 主体工程

C. 基础工程

D. 采用新技术、新工艺、新材料的部位或环节

E. 对下道工序有重要影响的工序或环节

11. 在施工质量控制中，应该选择（　　）作为质量控制点。

A. 施工工艺   B. 施工程序

C. 对质量影响大的对象   D. 保证质量难度大的对象

E. 关键工序

12. 工程质量在事中控制工序质量验收中，应着重做好（   ）。

A. 原材料、构配件的见证取样   B. 工序与施工验收

C. 工序交接的检查   D. 隐蔽工程的检查和验收

E. 施工生产要素配置的审查

13. 建设工程监理的目标是（   ）。

A. 质量   B. 进度   C. 投资   D. 设备采购

E. 安全

14. 下列内容中，属于施工准备阶段质量控制的内容有（   ）。

A. 审查施工组织设计   B. 做好工程计量工作

C. 审查分包单位资质   D. 检查原材料和构配件的质量

E. 审查工程变更

15. 工程质量控制依据为（   ）。

A. 设计图纸   B. 质量统一验收标准

C. 相应规范、规程   D. 施工合同

E. 工程签证

16. 竣工资料审查内容包括（   ）。

A. 勘查、设计有关资料   B. 承包商的工程竣工资料

C. 工程监理资料   D. 业主的工程前期资料

E. 建设工程有关的标准

17. 按《建筑工程施工质量验收统一标准》（GB 50300—2013），下列验收层次中包括有观感质量验收项目的是（   ）。

A. 检验批   B. 分项工程   C. 分部工程   D. 单位工程

E. 单项工程

18. 工程变更的要求可能来自（   ）。

A. 建设单位   B. 设计单位   C. 施工单位   D. 监理单位

E. 政府主管部门

19. 工程上常用的原材料、构配件，进场前必须有（   ），经监理审查并确认其质量合格方可进场。

A. 出场合格证   B. 技术说明书   C. 生产厂家标牌   D. 检验或实验报告

E. 生产厂家出厂手续

20. 建筑工程中土建部分包括（   ）等分部工程。

A. 地基与基础   B. 主体结构   C. 建筑装饰工程   D. 屋面工程

E. 建筑安装及施工工艺

21. 施工单位质量保证体系中的（三检制）是指：（　　）。

    A. 检查　　　　　　B. 验收　　　　　　C. 自检　　　D. 交接检　　E. 互检

22. 建筑产品的质量特征和特性是（　　）。

    A. 功能性　　　　　B. 寿命　　　　　　C. 稳定性　　D. 安全性　　E. 经济性

23. 施工图设计文件经审查后，在施工设计中因设计原因发生质量事故，下列关于责任承担的说法，准确的有（　　）。

    A. 建设行政主管部门应承担监督不力的责任

    B. 建设单位应承担设计交底组织不力的责任

    C. 设计单位应承担设计的质量责任

    D. 审查机构应承担审查失职的责任

    E. 监理单位应承担图纸会审组织不力的责任

24. 卓越绩效管理模式的实质能够归纳为（　　）。

    A. 强调"大质量"观　　　　　　　　B. 提供先进的管理方法

    C. 是一个符合性标准　　　　　　　　D. 聚焦于经营结果

    E. 注重竞争力提升

25. 工程质量控制中，采用控制图法的目的有（　　）。

    A. 找出薄弱环节　　　　　　　　　　B. 实行过程控制

    C. 评价过程水平　　　　　　　　　　D. 实行过程分析

    E. 掌握质量分布规律

26. 对于有抗震设防要求的钢筋混凝土结构，其纵向受力钢筋的延性应符合（　　）的规定。

    A. 钢筋的抗拉强度实测值与屈服强度实测值的比值不应小于1.25

    B. 钢筋的抗拉强度实测值与屈服强度实测值的比值不应大于1.30

    C. 钢筋的屈服强度实测值与强度标准值的比值不应大于1.30

    D. 钢筋的力下总伸长率不应小于9%

    E. 钢筋断后伸长率不应大于5%

27. 根据焊接接头的基本力学试验方法有（　　）。

    A. 抗压试验　　　B. 拉伸试验　　　　C. 抗剪试验　　　D. 弯曲试验

    E. 形式检验

28. 项目监理机构安排监理人员对工程施工实行巡视的主要内容有（　　）。

    A. 是否按工程设计文件、工程建设标准和审批的施工方案施工

    B. 使用的工程材料、构配件和设备是否合格

    C. 实际费用支出是否与资金使用计划一致

    D. 施工现场质量管理人员是否到位

    E. 特种作业人员是否持证上岗

29. 项目监理机构在审查总承包单位或设备安装单位退报送的设备采购方案时，审查的重

点有（   ）。

A. 依据的图纸、规范标准、质量标准、检查及验收程序

B. 采购的基本原则、范围和内容

C. 保证设备质量的具体措施

D. 质量文件要求

E. 供货厂商的生产水平与报价

30. 检验批可根据施工、质量控制和专业验收的需要，按（   ）实行划分。

A. 工程量　　　　　B. 施工段　　　　　C. 楼层　　　　　D. 工程特点

E. 变形缝

31. 当部分工程较大或较复杂时，可按（   ）将分部工程规划为若干个分部工程。

A. 材料种类　　　　　　　　　B. 专业系统及类别

C. 施工特点　　　　　　　　　D. 施工程序

E. 施工工艺

32. 工程质量事故处理完后，项目监理机构应即时向建设单位提交质量事故书面报告，报告的主要内容包括（   ）。

A. 工程及各参建单位名称　　　　　B. 事故处理的过程及结果

C. 事故发生后采取的措施及处理方法　　D. 质量事故发生的时间、地点、工程部位

E. 对质量事故责任人的处理意见

33. 下列属于勘察单位的质量责任与义务的有（   ）。

A. 应当依法取得相应等级的资质证书，并在其资质等级许可的范用内承揽工程

B. 由非关键工作转变为关键工作

C. 必须按照工程建设强制性标准进行勘察，并对其勘察的质量负责

D. 提供的地质、测量、水文等勘察成果必须真实、准确

E. 应当对勘察后期服务工作负责

34. 建设工程质量特性中的"与环境的协调性"是指工程与（   ）相协调。

A. 周围生态环境　　　　　　　B. 所在地区社会环境

C. 所在地区经济环境　　　　　D. 周围已建工程

E. 周围拟建工程

35. 卓越绩效管理模式的基本特征可以归结为（   ）。

A. 强调"大质量"观　　　　　　B. 强调以顾客为中心和重视组织文化

C. 远见卓识的领导　　　　　　D. 强调可持续发展和社会责任

E. 强调质量对组织绩效的增值和贡献

第5章 建设工程项目进度控制

一、单项选择题

1. 关于建设工程三大目标之间对立关系的说法，正确的是（　　）。
   A. 提高项目功能，可能减少运行费用
   B. 缩短建设工期，可能提早发挥投资效益
   C. 提高工程质量，能减少返工，保证建设工期
   D. 减少工程投资，可能会降低项目功能

2. 在预先分析各种风险因素及其导致目标偏差可能性的基础上，拟订和采取有针对性的预防措施，从而减少乃至避免目标偏离的控制方式是（　　）。
   A. 闭环控制　　　　　B. 反馈控制　　　　　C. 主动控制　　　　　D. 被动控制

3. 下列对建设工程目标控制的要求中，属于进度全方位控制的是（　　）。
   A. 对整个建设工程所有目标进行控制
   B. 在工程建设的早期就编制进度计划
   C. 对整个建设工程所有工作内容的进度进行控制
   D. 确保基本质量目标的实现以免影响进度目标

4. 某工程原定 2021 年 9 月 20 日竣工，因承包人原因，致使工程延至 2021 年 10 月 20 日竣工。但在 2021 年 10 月因法规的变化导致工程造价增加 120 万元，工程合同价款应（　　）。
   A. 调增 60 万元　　B. 调增 90 万元　　C. 调增 120 万元　　D. 不予调整

5. 为了有效地控制建设工程进度，必须事先对影响进度的各种因素进行全面分析和预测。其主要目的是实现建设工程进度的（　　）。
   A. 动态控制　　　　B. 主动控制　　　　C. 事中控制　　　　D. 纠偏控制

6. 工程项目年度计划中不应包括的内容是（　　）。
   A. 投资计划年度分配表　　　　　　　　B. 年度计划项目表
   C. 年度建设资金平衡表　　　　　　　　D. 年度竣工投产交付使用计划表

7. 某基础工程土方开挖总量为 8800m^3，该工程拟分 5 个施工段组织固定节拍流水施工，两台挖掘机每台班产量定额均为 80m^3，其流水节拍应确定为（　　）天。
   A. 55　　　　　　　B. 11　　　　　　　C. 8　　　　　　　D. 65

8. 某基础工程开挖与浇筑混凝土两施工过程在 4 个施工段组织流水施工，流水节拍值分别为 4、3、2、5 与 3、2、4、3，则流水步距与流水施工工期分别为（　　）天。
   A. 5 和 17　　　　　B. 5 和 19　　　　　C. 4 和 16　　　　　D. 4 和 26

9. 当双代号网络计划的计算工期等于计划工期时，对关键工作的错误提法是（　　）。

A. 关键工作的自由时差为零

B. 相邻两项关键工作之间的时间间隔为零

C. 关键工作的持续时间最长

D. 关键工作的最早开始时间与最迟开始时间相等

10. 某工程双代号时标网络计划如下图所示，其中工作 A 的总时差为（　　）天。

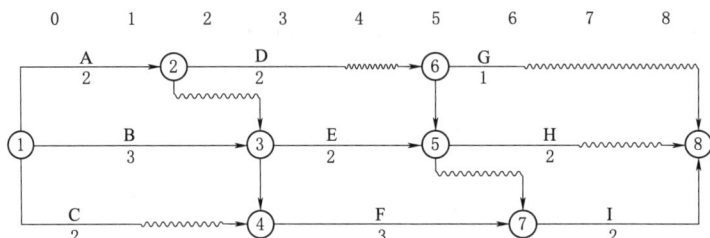

A. 0　　　　　　　　B. 1　　　　　　　　C. 2　　　　　　　　D. 3

11. 已知某工程双代号网络计划的计划工期等于计算工期，且工作 M 的完成节点为关键节点，则该工作（　　）。

A. 为关键工作　　　　　　　　　　　B. 自由时差等于总时差

C. 自由时差为零　　　　　　　　　　D. 自由时差小于总时差

12. 网络计划中工作与其紧后工作之间的时间间隔应等于该工作紧后工作的（　　）。

A. 最早开始时间与该工作最早完成时间之差

B. 最迟开始时间与该工作最早完成时间之差

C. 最早开始时间与该工作最迟完成时间之差

D. 最迟开始时间与该工作最迟完成时间之差

13. 在工程网络计划的执行过程中，如果需要确定某项工作进度偏差影响总工期的时间，应根据（　　）的差值进行确定。

A. 自由时差与进度偏差　　　　　　　B. 自由时差与总时差

C. 总时差与进度偏差　　　　　　　　D. 时间间隔与进度

14. 某大型群体工程项目的施工任务分期分批分别发包给若干个承包单位时，该项目的施工总进度计划应当由（　　）负责编制。

A. 施工总包单位　　B. 施工联合体　　C. 监理工程师　　D. 工程业主

15. 监理工程师控制建设工程进度的组织措施是指（　　）。

A. 协调合同工期与进度计划之间的关系　　B. 编制进度控制工作细则

C. 及时办理工程进度款支付手续　　　　　D. 建立工程进度报告制度

16. 利用横道图表示建设工程进度计划的优点是（　　）。

A. 有利于动态控制　　　　　　　　　B. 明确反映关键工作

C. 明确反映工作机动时间　　　　　　D. 明确反映计算工期

17. 监理工程师控制建设工程设计进度的主要工作内容是（　　）。

    A. 审查设计单位提交的进度计划　　　　B. 进行施工现场条件的调查与分析

    C. 编制工程项目建设总进度计划　　　　D. 编制详细的出图计划

18. 某基础混凝土浇筑所需要劳动量为1200个工日，可分为劳动量相等的3个施工段组织流水施工，每天采用二班制，每段投入的人工数为40个工日，其流水节拍值为（　　）天。

    A. 15　　　　　　　　B. 10　　　　　　　　C. 8　　　　　　　　D. 5

19. 将一般的成倍节拍流水施工改变为加快的成倍节拍流水施工时，所采取的措施是（　　）。

    A. 重新划分施工过程数　　　　　　　　B. 改变流水节拍值

    C. 增加专业工作队数　　　　　　　　　D. 重新划分施工段

20. 下列进度控制措施中，属于经济措施的是（　　）。

    A. 编制工程资源需求计划　　　　　　　B. 应用网络技术控制进度

    C. 制定进度控制工作流程　　　　　　　D. 选择先进的施工技术

21. 当工程网络计划的计算工期不等于计划工期时，正确的结论是（　　）。

    A. 关键节点最早时间等于最迟时间

    B. 关键工作的自由时差为零

    C. 关键线路上相邻工作的时间间隔为零

    D. 关键工作最早开始时间等于最迟开始时间

22. 已知工程网络计划中某工作的自由时差为5天，总时差为7天。监理工程师在检查进度时发现只有该工作实际进度拖延，且影响工期3天，则该工作实际进度比计划进度拖延（　　）天。

    A. 10　　　　　　　　B. 8　　　　　　　　C. 7　　　　　　　　D. 3

23. 在双代号时标网络计划中，虚箭线上波形线的长度表示（　　）。

    A. 工作的总时差　　　　　　　　　　　B. 工作的自由时差

    C. 工作的持续时间　　　　　　　　　　D. 工作之间的时间间隔

24. 在工程网络计划执行过程中，如果某项非关键工作实际进度拖延的时间超过其总时差，则（　　）。

    A. 网络计划的计算工期不会改变　　　　B. 该工作的总时差不变

    C. 该工作的自由时差不变　　　　　　　D. 网络计划中关键线路改变

25. 在单代号搭接网络计划中，关键线路是指（　　）的线路。

    A. 相邻工作时间间隔均为零　　　　　　B. 相邻工作时距最小

    C. 相邻工作时距均为零　　　　　　　　D. 工作持续时间总和最长

26. 当建设工程实际施工进度拖后而需要调节施工进度筹划时，可采用的组织措施之一是（　　）。

    A. 改进施工工艺和施工技术　　　　　　B. 采用更先进的施工机械

    C. 改进部分协作条件　　　　　　　　　D. 增加劳动力和施工机械数量

27. 在工程施工进度计划的实施过程中，为了加快施工进度，可以采取的技术措施是（　　）。

    A. 增加每天的施工时间　　　　　　B. 采用更先进的施工方法

    C. 实施强有力的调度　　　　　　　D. 增加工作面正

28. 监理工程师控制建设工程进度的组织措施是指（　　）。

    A. 编制进度控制工作细则，指导监理人员实施进度控制

    B. 建立图纸审查、工程变更和设计变更管理制度

    C. 推行 CM 承发包模式，对建设工程实行分段发包

    D. 采用网络计划技术对建设工程进度实施动态控制

29. 考虑建设工程的施工特点、工艺流程、资源利用、平面或空间布置等要求，可以采用不同的施工组织方式。其中，有利于资源供应的施工组织方式是（　　）。

    A. 依次施工和平行施工　　　　　　B. 平行施工和流水施工

    C. 依次施工和流水施工　　　　　　D. 平行施工和搭接施工

30. 组织流水施工时，流水步距是指（　　）。

    A. 第一个专业队与其他专业队开始施工的最小间隔时间

    B. 第一个专业队与最后一个专业队开始施工的最小间隔时间

    C. 相邻专业队相继开始施工的最小间隔时间

    D. 相邻专业队相继开始施工的最大间隔时间

31. 双代号网络计划中的节点表示（　　）。

    A. 工作的连接状态　　　　　　　　B. 工作的开始

    C. 工作的结束　　　　　　　　　　D. 工作的开始或结束

32. 某工程双代号网络计划如下图所示，其关键线路有（　　）条。

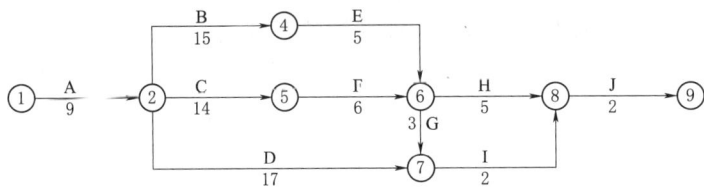

    A. 2　　　　　　　　　B. 3　　　　　　　　　C. 4　　　　　　　　　D. 5

33. 已知某工程双代号网络计划的计划工期等于计算工期，且工作 M 的开始节点和完成节点均为关键节点，则该工作（　　）。

    A. 为关键工作　　　　　　　　　　B. 总时差等于自由时差

    C. 自由时差为零　　　　　　　　　D. 总时差大于自由时差

34. 在工程施工过程中，监理工程师检查实际进度时发现某工作的总时差由原计划的 5 天变为 −3 天，则说明工作 M 的实际进度（　　）。

    A. 拖后 2 天，影响工期 2 天　　　　B. 拖后 5 天，影响工期 2 天

    C. 拖后 8 天，影响工期 3 天　　　　D. 拖后 7 天，影响工期 7 天

35. 在双代号时标网络计划中，若某工作箭线上没有波形线，则说明该工作（　　）。

A. 为关键工作　　　　　　　　　　B. 自由时差为零

C. 总时差等于自由时差　　　　　　D. 自由时差不超过总时差

36. 网络计划工期优化的目的是缩短（　　）。

A. 计划工期　　　　B. 计算工期　　　　C. 要求工期　　　　D. 合同工期

37. 在单代号搭接网络计划中，工作的自由时差等于（　　）。

A. 该工作与其紧后工作时距的最小值

B. 紧后工作最早开始时间与本工作最早完成时间的差值

C. 该工作与其紧后工作时间间隔的最小值

D. 紧后工作最迟开始时间与本工作最迟完成时间的差值

38. 当非关键工作 M 正在实施时，检查进度计划发现工作 M 存在的进度偏差不影响总工期，但影响后续承包单位的进度，调整进度计划的最有效的方法是缩短（　　）。

A. 后续工作的持续时间　　　　　　B. 工作 M 的持续时间

C. 工作 M 平行工作的持续时间　　D. 关键工作的持续时间

39. 在工程施工进度计划的实施过程中，为了加快施工进度，可以采取的组织措施是（　　）。

A. 改进施工工艺和施工技术

B. 采用更先进的施工机械

C. 对所采取的技术措施给予经济补偿

D. 增加劳动力和施工机械的数量

40. 监理工程师控制建设工程进度的技术措施是指（　　）。

A. 建立工程进度报告制度及进度信息沟通网络

B. 协调合同工期与进度计划之间的关系

C. 加强风险管理，预测风险因素并提出预防措施

D. 审查承包商提交的进度计划，使承包商在合理的状态下施工

41. 固定节拍流水施工的特点是（　　）。

A. 所有专业队只在第一段采用固定节拍

B. 所有施工过程在各个施工段的流水节拍均相等

C. 专业队数等于施工段数

D. 各个专业队在各施工段可间歇作业

42. 单代号网络计划中（　　）。

A. 箭线表示工作及其进行的方向，节点表示工作之间的逻辑关系

B. 节点表示工作，箭线表示工作进行的方向

C. 箭线表示工作及其进行的方向，节点表示工作的开始或结束

D. 节点表示工作，箭线表示工作之间的逻辑关系

43. 某工程单代号网络计划如下图所示，其关键线路有（　　）条。

A. 2　　　　　　　B. 3　　　　　　　C. 4　　　　　　　D. 5

44. 当工程网络计划的计算工期小于计划工期时，关键工作的（　　）。

    A. 总时差为零　　　　　　　　　　　B. 总时差均大于零

    C. 自由时差为零　　　　　　　　　　D. 自由时差均大于零

45. 监理工程师检查网络计划时，发现某工作尚需作业 5 天，到该工作计划最迟完成时刻尚余 7 天，原有总时差为 6 天，则该工作尚有总时差为（　　）天。

    A. 1　　　　　　　B. －1　　　　　　　C. －2　　　　　　　D. 2

46. 在双代号时标网络计划中，当某项工作有紧后工作时，则该工作箭线上的波形线表示（　　）。

    A. 工作的总时差　　　　　　　　　　B. 工作之间的时距

    C. 工作的自由时差　　　　　　　　　D. 工作间逻辑关系

47. 工程网络计划资源优化的目的之一是为了寻求（　　）。

    A. 资源均衡利用条件下的最短工期安排

    B. 最优工期条件下的资源均衡利用方案

    C. 工期固定条件下的资源均衡利用方案

    D. 工程总费用最低时的资源利用方案

48. 在建设工程进度监测过程中，监理工程师要想更准确地确定进度偏差，其中的关键环节是（　　）。

    A. 缩短进度报表的间隔时间

    B. 缩短现场会议的间隔时间

    C. 将进度报表与现场会议的内容更加细化

    D. 对所获得的实际进度数据进行加工处理

49. 物资储备计划的编制依据是物资储备定额和（　　）。

    A. 物资供应计划　　　B. 物资需求计划　　　C. 物资采购计划　　　D. 物资加工计划

50. 在某大型建设工程施工过程中，由于处理地下文物造成工期延长后，所延长的工期（　　）。

A. 应由施工承包单位承担责任，采取赶工措施加以弥补

B. 应经监理工程师核查证实后纳入合同工期

C. 经监理工程师核查证实后，其中一半时间应纳入合同工期

D. 不需监理工程师核查证实，直接纳入合同工期

51. 组织建设工程依次施工时，其特点包括（　　）。

A. 每个专业队在各段依次连续施工

B. 每个专业队无法按施工顺序要求连续施工

C. 各施工段同时开展相同专业的施工

D. 同一时间段内各施工段均能充分利用工作面

52. 基础工程划分 4 个施工过程（挖基槽、作垫层、混凝土浇筑、回填土）在 5 个施工段组织固定节拍流水施工，流水节拍为 3 天，要求混凝土浇筑 2 天后才能进行回填土，该工程的流水施工工期为（　　）天。

A. 39　　　　　　　B. 29　　　　　　　C. 26　　　　　　　D. 14

53. 网络计划中的虚工作（　　）。

A. 既消耗时间，又消耗资源　　　　B. 只消耗时间，不消耗资源

C. 既不消耗时间，也不消耗资源　　D. 不消耗时间，只消耗资源

54. 在工程网络计划中，工作 M 的最迟完成时间为第 25 天，其持续时间为 6 天。该工作有两项紧前工作，它们的最早完成时间分别为第 10 天和第 14 天，则工作 M 的总时差为（　　）天。

A. 5　　　　　　　　B. 6　　　　　　　C. 9　　　　　　　D. 15

55. 在工程网络计划中，关键工作是指（　　）的工作。

A. 总时差为零　　B. 总时差最小　　C. 有自由时差　　D. 所需资源最多

56. 在工程网络计划中，工作的最迟完成时间应为其所有紧后工作（　　）。

A. 最早开始时间的最大值　　　　B. 最早开始时间的最小值

C. 最迟开始时间的最大值　　　　D. 最迟开始时间的最小值

57. 在某工程单代号网络计划中，不正确的提法是（　　）。

A. 关键线路至少有一条

B. 在计划实施过程中，关键线路始终不会改变

C. 关键工作的机动时间最小

D. 相邻关键工作之间的时间间隔为零

58. 在工程网络计划的工期优化过程中，当出现多条关键线路时，必须（　　）。

A. 将各条关键线路的总持续时间压缩同一数值

B. 分别将各条关键线路的总持续时间压缩不同数值

C. 压缩其中一条关键线路的总持续时间

D. 压缩持续时间最长的关键工作

59. 在建设工程进度调整过程中，调整进度计划的先决条件是（　　　）。

    A. 确定原合同条件调整的范围　　　　B. 确定可调整进度的范围

    C. 确定原合同价款调整的范围　　　　D. 确定承包单位成本的增加额

60. 确定建设工程施工阶段进度控制目标时，首先应进行的工作是（　　　）。

    A. 明确各承包单位的分工条件与承包责任

    B. 明确划分各施工阶段进度控制分界点

    C. 按年、季、月计算建设工程实物工程量

    D. 进一步明确各单位工程的开、竣工日期

61. 当监理工程师接受建设单位的委托对建设工程实施全过程监理时，为了有效地控制建
设工程进度，监理工程师最早应在（　　　）阶段协助建设单位确定工期总目标。

    A. 前期决策　　　　B. 设计准备　　　　C. 建设准备　　　　D. 施工准备

62. 建设工程组织流水施工时，其特点之一是（　　　）。

    A. 由一个专业队在各施工段上依次施工

    B. 同一时间段只能有一个专业队投入流水施工

    C. 各专业队按施工顺序应连续、均衡地组织施工

    D. 施工现场的组织管理简单，工期最短

63. 工程网络计划中，如果工作 A 和工作 B 之间的先后顺序关系属于工艺关系，则说明它
们的先后顺序是由（　　　）决定的。

    A. 劳动力调配需要　　　　　　　　　B. 原材料调配需要

    C. 工艺技术过程　　　　　　　　　　D. 机械设备调配需要

64. 工程网络计划的计划工期应（　　　）。

    A. 等于要求工期　　　　　　　　　　B. 等于计算工期

    C. 不超过要求工期　　　　　　　　　D. 不超过计算工期

65. 在双代号网络计划中，节点的最迟时间是以该节点为（　　　）。

    A. 完成节点的工作的最早完成时间　　B. 开始节点的工作的最早开始时间

    C. 完成节点的工作的最迟完成时间　　D. 开始节点的工作的最迟开始时间

66. 在某工程双代号时标网络计划中，除以终点节点为完成节点的工作外，工作箭线上的
波形线表示（　　　）。

    A. 工作的总时差　　　　　　　　　　B. 工作与其紧前工作之间的时间间隔

    C. 工作的持续时间　　　　　　　　　D. 工作与其紧后工作之间的时间间隔

67. 在网络计划工期优化过程中，当出现两条独立的关键线路时，在考虑对质量、安全影
响的基础上，优先选择的压缩对象应是这两条关键线路上（　　　）的工作组合。

    A. 资源消耗量之和最小　　　　　　　B. 直接费用率之和最小

    C. 持续时间之和最长　　　　　　　　D. 间接费用率之和最小

68. 当采用匀速进展横道图比较法时，如果表示实际进度的横道线右端点位于检查日期的
右侧，则该端点与检查日期的距离表示工作（　　　）。

A. 实际少消耗的时间   B. 实际多消耗的时间

C. 进度超前的时间   D. 进度拖后的时间

69. 监理工程师施工进度控制工作细则中所包括的内容有（   ）。

A. 明确划分施工段的要求   B. 工程进度款支付的时间与方式

C. 进度检查的周期与进度报表的格式   D. 材料进场的时间与检验方式

70. 工程项目总进度计划应在（   ）阶段编制。

A. 施工准备   B. 设计   C. 设计准备   D. 前期决策

71. 根据下表给定的逻辑关系绘制的某分部工程双代号网络计划如下表所示，错误是（   ）。

工作名称	A	B	C	D	E	G	H
紧前工作	—	—	A	A	A、B	C	E

A. 节点编号不对   B. 逻辑关系不对

C. 有多个起点节点   D. 有多个终点节点

72. 在工程网络计划执行过程中，若某项工作比原计划拖后，当拖后的时间大于其拥有的自由时差时，则（   ）。

A. 不影响其后续工作和工程总工期

B. 不影响其后续工作，但影响工程总工期

C. 影响其后续工作，且可能影响工程总工期

D. 影响其后续工作和工程总工期

73. 在双代号网络计划中，节点的最早时间是以该节点为（   ）。

A. 开始节点的工作的最早开始时间   B. 完成节点的工作的最早完成时间

C. 开始节点的工作的最迟开始时间   D. 完成节点的工作的最迟完成时间

74. 工程网络计划中，如果某工作的自由时差刚好被全部利用时，则会影响（   ）。

A. 本工作的最早完成时间   B. 其平行工作的最早完成时间

C. 其紧后工作的最早完成时间   D. 其后续工作的最早完成时间

75. 当采用匀速进展横道图比较法时，如果表示实际进度的横道线右端点落在检查日期的左侧，则该端点与检查日期的距离表示工作（   ）。

A. 实际少花费的时间   B. 实际多花费的时间

C. 进度超前的时间   D. 进度拖后的时间

76. 为了有效地控制建设工程进度，监理工程师要在设计准备阶段（   ）。

A. 进行环境及施工现场条件的调查和分析

B. 编制设计阶段工作计划及详细的出图计划

C. 进行工期目标和进度控制的决策工作

D. 审查工程项目建设总进度计划并控制其执行

77. 建设工程组织流水施工时，必须全部列入施工进度计划的施工过程是（   ）。

A. 建造类   B. 物资供应类   C. 运输类   D. 制备类

78. 在工程网络计划中，判别关键工作的条件是（　　）最小。

  A. 自由时差   B. 总时差   C. 持续时间   D. 时间间隔

79. 在工程网络计划执行过程中，若某项工作比原计划拖后，而未超过该工作的自由时差，则（　　）。

  A. 不影响总工期，影响后续工作   B. 不影响后续工作，影响总工期

  C. 对总工期及后续工作均不影响   D. 对总工期及后续工作均有影响

80. 在工程网络计划中，某工作的最迟完成时间与其最早完成时间的差值是（　　）。

  A. 该工作的总时差   B. 该工作的自由时差

  C. 该工作与其紧后工作之间的时间间隔 D. 该工作的持续时间

81. 在某工程网络计划中，已知工作总时差和自由时差分别为 6 天和 4 天，监理工程师检查实际进度时，发现该工作的持续时间延长了 5 天，说明此时工作 M 的实际进度将其紧后工作的最早开始时间推迟（　　）。

  A. 5 天，但不影响总工期   B. 1 天，但不影响总工期

  C. 5 天，并使总工期延长 1 天   D. 4 天，并使总工期延长 1 天

82. 当采用 S 曲线比较法时，如果实际进度点位于计划 S 曲线的右侧，则该点与计划 S 曲线的垂直距离表明实际进度比计划进度（　　）。

  A. 超前的时间   B. 拖后的时间

  C. 超额完成的任务量   D. 拖欠的任务量

83. 某分项工程实物工程量为 1000m³，该分项工程人工时间定额为 0、1 工日／m³，计划每天安排 2 班，每班 5 人完成该分项工程，则其持续时间为（　　）天。

  A. 100   B. 50   C. 20   D. 10

84. 监理工程师受建设单位委托对某建设工程设计和施工实施全过程监理时，应（　　）。

  A. 审核设计单位和施工单位提交的进度计划，并编制监理总进度计划

  B. 编制设计进度计划，审核施工进度计划，并编制工程年、季、月实施计划

  C. 编制设计进度计划和施工总进度计划，审核单位工程施工进度计划

  D. 审核设计单位和施工单位提交的进度计划，并编制监理总进度计划及其分解计划

85. 在双代号时标网络计划中，关键线路是指（　　）。

  A. 没有虚工作的线路   B. 由关键节点组成的线路

  C. 没有波形线的线路   D. 持续时间最长工作所在的线路

86. 某分部工程双代号时标网络计划如下图所示，其中工作 A 的总时差和自由时差（　　）天。

  A. 分别为 1 和 0   B. 均为 1

  C. 分别为 2 和 0   D. 均为 0

87. 在工程网络计划执行过程中，当某项工作的总时差刚好被全部利用时，则不会影响（　　）。

  A. 其紧后工作的最早开始时间   B. 其后续工作的最早开始时间

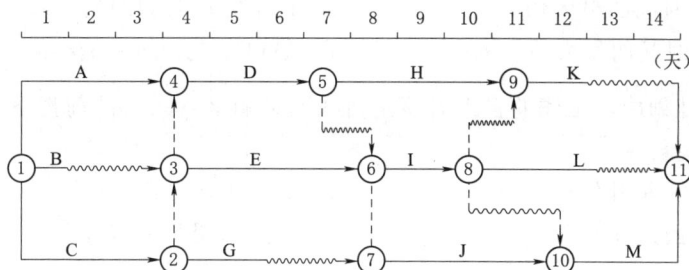

C. 其紧后工作的最迟开始时间　　　　D. 本工作的最早完成时间

88. 在工程网络计划中，工作的总时差是指在不影响（　　）的前提下，该工作可以利用的机动时间。

A. 紧后工作最早开始　　　　　　　　B. 后续工作最早开始

C. 紧后工作最迟开始　　　　　　　　D. 紧后工作最早完成

89. 在工程网络计划的执行过程中，监理工程师检查实际进度时，只发现工作 M 的总时差由原计划的 2 天变为 -2 天，说明工作 M 的实际进度（　　）。

A. 拖后 4 天，影响工期 2 天　　　　　B. 拖后 2 天，影响工期 2 天

C. 拖后 3 天，影响工期 2 天　　　　　D. 拖后 2 天，影响工期 1 天

90. 工程总费用由直接费和间接费两部分组成，随着工期的缩短，会引起（　　）。

A. 直接费和间接费同时增加　　　　　B. 直接费增加，间接费减少

C. 直接费和间接费同时减少　　　　　D. 直接费减少，间接费增加

91. 在某工程网络计划中，已知工作 M 没有自由时差，但总时差为 5 天，监理工程师检查实际进度时发现该工作的持续时间延长了 4 天，说明此时工作 M 的实际进度（　　）。

A. 既不影响总工期，也不影响其后续工作的正常进行

B. 不影响总工期，但将其紧后工作的最早开始时间推迟 4 天

C. 将使总工期延长 4 天，但不影响其后续工作的正常进行

D. 将其后续工作的开始时间推迟 4 天，并使总工期延长 1 天

92. 当通过施工招标选定总承包商后，监理工程师应负责（　　）。

A. 编制工程项目建设总进度计划　　　B. 编制单位工程施工进度计划

C. 编制施工组织设计　　　　　　　　D. 审核总承包商提交的施工总进度计划

93. 工程项目建设总进度计划中不应包括的内容是（　　）。

A. 工程项目一览表　　　　　　　　　B. 投资计划年度分配表

C. 竣工投产交付使用表　　　　　　　D. 工程项目进度平衡表

94. 在某工程双代号网络计划中，如果以某关键节点为完成节点的工作有 3 项，则该 3 项工作（　　）。

A. 全部为关键工作　　　　　　　　　B. 至少有一项为关键工作

C. 自由时差相等　　　　　　　　　　D. 总时差相等

95. 在双代号或单代号网络计划中，工作的最早开始时间应为其所有紧前工作（　　）。

A. 最早完成时间的最大值   B. 最早完成时间的最小值

C. 最迟完成时间的最大值   D. 最迟完成时间的最小值

96. 在工程网络计划中，工作的自由时差是指在不影响（   ）的前提下，该工作可以利用的机动时间。

     A. 紧后工作最早开始   B. 后续工作最迟开始

     C. 紧后工作最迟开始   D. 本工作最早完成

97. 为了使工程所需要的资源按时间的分布符合优化目标，网络计划的资源优化是通过改变（   ）来达到目的的。

     A. 关键工作的开始时间   B. 工作的开始时间

     C. 关键工作的持续时间   D. 工作的持续时间

98. 在工程网络计划的执行过程中，如果需要判断某项工作的进度偏差是否影响总工期，应重点分析该工作的进度偏差与其相应（   ）的关系。

     A. 自由时差   B. 总时差   C. 直接费用率   D. 间接费用率

99. 在建设工程施工阶段，监理工程师控制进度的工作内容包括（   ）。

     A. 编制施工图供图进度计划   B. 按年、季、月编制工程综合计划

     C. 编制分部工程施工进度计划   D. 编制各项资源需要量计划

100. 在组织流水施工时，用来表达流水施工在施工工艺方面进展状态的参数通常包括（   ）。

     A. 施工过程和施工段   B. 流水节拍和流水强度

     C. 施工过程和流水强度   D. 流水步距和流水强度

101. 在某工程双代号网络计划中，如果其计划工期等于计算工期，且工作 $i-j$ 的完成节点 j 在关键线路上，则工作 $i-j$ 的自由时差（   ）。

     A. 与总时差相等，且必为零   B. 小于其相应的总时差

     C. 等于其相应的总时差   D. 超过其相应的总时差

102. 单位工程施工进度计划通常应由（   ）负责编制。

     A. 建设单位   B. 监理工程师   C. 设计单位   D. 施工承包单位

103. 监理工程师按委托监理合同要求对设计工作进度进行监控时，其主要工作内容有（   ）。

     A. 编制阶段性设计进度计划   B. 定期检查设计工作实际进展情况

     C. 协调设计各专业之间的配合关系   D. 建立健全设计技术经济定额

104. 在施工进度控制目标体系中，用来明确各单位工程的开工和交工动用日期，以确保施工总进度目标实现的子目标是按（   ）分解的。

     A. 项目组成   B. 计划期   C. 承包单位   D. 施工阶段

105. 在建设工程施工阶段，监理工程师进度控制的工作内容包括（   ）。

     A. 审查承包商调整后的施工进度计划

     B. 编制施工总进度计划和单位工程施工进度计划

C. 协助承包商确定工程延期时间和实施进度计划

D. 按时提供施工场地并适时下达开工令

106. 当编制完施工进度计划初始方案后需要对其进行检查。下列检查内容中属于解决可行与否问题的是（　　）。

A. 主要工种的工人是否能满足连续、均衡施工的要求

B. 主要机具、材料等的利用是否均衡与充分

C. 工程项目的总成本是否最低

D. 各工作项目的平行搭接和技术间歇是否符合工艺要求

107. 某工作是由三个性质相同的分项工程合并而成的。各分项工程的工程量和时间定额分别是：$Q_1=2300m^3$，$Q_2=3400m^3$，$Q_3=2700m^3$；$H_1=0$、15 工日/m^3，$H_2=0$、20 工日/m^3，$H_3=0$、40 工日/m^3。则该工作的综合时间定额是（　　）工日/m^3。

A. 0、35　　　　　B. 0、33　　　　　C. 0、25　　　　　D. 0、21

108. 监理工程师受业主委托对物资供应进度进行控制时，其工作内容包括（　　）。

A. 监督检查订货情况，协助办理有关事宜

B. 确定物资供应分包方式及分包合同清单

C. 拟定并签署物资供应合同

D. 确定物资供应要求，并编制物资供应投标文件

109. 为了有效地控制建设工程施工进度，建立施工进度控制目标体系时应（　　）。

A. 首先确定短期目标，然后再逐步明确总目标

B. 首先按施工阶段确定目标，然后综合考虑确定总目标

C. 将施工进度总目标从不同角度层层分解

D. 将施工进度总目标直接按计划期分解

110. 在建设工程施工阶段，监理工程师进度控制的工作内容包括（　　）。

A. 确定各专业工程施工方案及工作面交接条件

B. 划分施工段并确定流水施工方式

C. 确定施工顺序及各项资源配置

D. 确定进度报表格式及统计分析方法

111. 当监理工程师受业主委托，需要编制建设工程施工总进度计划时，其编制依据包括（　　）。

A. 工程项目年度计划　　　　　　　B. 工程项目建设总进度计划

C. 单位工程施工进度计划　　　　　D. 施工进度控制方案

112. 某承包商承揽了一大型建设工程的设计和施工任务，在施工过程中因某种原因造成实际进度拖后，该承包商能够提出工程延期的条件是（　　）。

A. 施工图纸未按时提交　　　　　　B. 检修、调试施工机械

C. 地下埋藏文物的保护、处理　　　D. 设计考虑不周而变更设计

113. 建设工程物资供应计划的编制应（　　）。

A. 在确定计划需求量的基础上，经综合平衡后完成

B. 在确定工程项目建设总进度计划的基础上完成

C. 根据申请与订货计划的落实情况，经综合平衡后完成

D. 根据审批后的施工总进度计划，经综合平衡后完成

114. "工程临时延期审批表"应由（   ）签发。

    A. 监理单位技术负责人   B. 监理单位法人代表

    C. 总监理工程师   D. 专业监理工程师

115. 在某建设工程过程中，由于出现脚手架倒塌事故而造成实际进度拖后，承包商根据监理工程师指令采取赶工措施后，仍未能按合同工期完成所承包的任务，则承包商（   ）。

A. 应承担赶工费，但不需要向业主支付误期损失赔偿费

B. 不需要承担赶工费，但应向业主支付误期损失赔偿费

C. 不仅要承担赶工费，还应向业主支付误期损失赔偿费

D. 既不需要承担赶工费，也不需要向业主支付误期损失赔偿费

116. 编制物资需求计划的依据包括（   ）。

    A. 物资供应计划   B. 物资储备计划

    C. 工程款支付计划   D. 项目总进度计划

117. 每一条 S 形曲线都对应某一特定的工程进度计划，所有工作按（   ）时间开始进行安排，对节约建设单位的建设资金贷款利息是有利的。

    A. 最早完成   B. 最迟完成   C. 最早开始   D. 最迟开始

118. 应用 S 曲线比较法时，通过比较实际进度 S 曲线和计划进度 S 曲线，可以（   ）。

A. 表明实际进度是否匀速开展

B. 得到工程项目实际超额或拖欠的任务量

C. 预测偏差对后续工作及工期的影响

D. 表明对工作总时差的利用情况

119. 当工程网络计划中某项工作的实际进度偏差影响到总工期而需要通过缩短某些工作的持续时间调整进度计划时，这些工作是指（   ）的可被压缩的工作。

A. 关键线路和超过计划工期的非关键线路上

B. 关键线路上资源消耗量比较少

C. 关键线路上持续时间比较长

D. 施工工艺及采用技术比较简单

120. 某工程单代号搭接网络计划如下图所示，节点中下方数字为该工作的持续时间，其中的关键工作为（   ）。

    A. 工作 A、工作 C 和工作 E   B. 工作 B、工作 D 和工作 F

    C. 工作 C、工作 E 和工作 F   D. 工作 B、工作 E 和工作 F

121. 建筑工程管理（CM）方法的特点是（   ）。

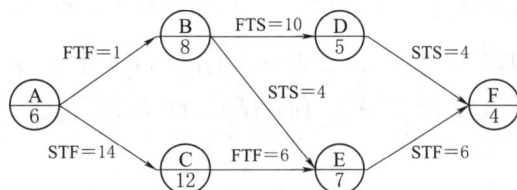

A. 使设计与施工能够充分地搭接，实现分期分批交付使用

B. 待施工图设计全部完成后，再分阶段施工，分期分批交付使用

C. 分阶段进行施工图设计，待工程全部竣工后一并交付使用

D. 使设计与施工能够充分地搭接，待工程全部竣工后一并交付使用

122. 当利用 S 形曲线进行实际进度与计划进度比较时，如果检查日期实际进展点落在计划 S 形曲线的左侧，则该实际进展点与计划 S 形曲线的垂直距离表示工程项目（　　）。

A. 实际超额完成的任务量　　　　　　B. 实际拖欠的任务量

C. 实际进度超前的时间　　　　　　　D. 实际进度拖后的时间

123. 在某工程网络计划中，已知工作 P 的总时差和自由时差分别为 5 天和 2 天，监理工程师检查实际进度时，发现该工作的持续时间延长了 4 天，说明此时工作 P 的实际进度（　　）。

A. 既不影响总工期，也不影响其后续工作的正常进行

B. 不影响总工期，但将其紧后工作的最早开始时间推迟 2 天

C. 将其紧后工作的最早开始时间推迟 2 天，并使总工期延长 1 天

D. 将其紧后工作的最早开始时间推迟 4 天，并使总工期延长 2 天

124. 在工程网络计划执行的过程中，如果某项工作拖延的时间未超过总时差，但已超过自由时差，在确定进度计划的调整方法时，应考虑（　　）。

A. 工程总工期允许拖延的时间　　　　B. 关键节点允许推迟的时间

C. 紧后工作持续时间的可缩短值　　　D. 后续工作允许拖延的时间

125. 当利用 S 形曲线进行实际进度与计划进度比较时，如果检查日期实际进展点落在计划 S 形曲线的右侧，则该实际进展点与计划 S 形曲线的水平距离表示工程项目（　　）。

A. 实际进度超前的时间　　　　　　　B. 实际进度拖后的时间

C. 实际超额完成的任务量　　　　　　D. 实际拖欠的任务量

126. 建筑工程管理（CM）方法的特点是，在建设项目初步设计文件被批准后，将施工图设计、施工招标及施工进行分阶段组织实施，并在全部工程竣工前，将已完部分工程分期分批交付使用。这样有利于（　　）。

A. 组织多个设计单位完成施工图设计　B. 组织多个施工单位完成施工任务

C. 缩短建设工期，尽早获得收益　　　D. 建设项目设计、施工招标及施工的管理

127. 监理工程师控制施工进度的工作内容包括（　　）。

A. 确定施工方案　　　　　　　　　　B. 确定进度控制方法

C. 编制单位工程施工进度计划　　　　D. 编制材料、机具供应计划

128. 某分项工程实物工程量为 1500m³，该分项工程人工产量定额为 5m³/工日，计划每天安排 2 班，每班 10 人完成该分项工程，则其持续时间为（　　　）天。

A. 15　　　　　　　B. 30　　　　　　　C. 60　　　　　　　D. 75

129. 当实际施工进度发生拖延时，为加快施工进度而采取的组织措施可以是（　　　）。

A. 改善劳动条件外部配合条件　　　　B. 更换设备，采用更先进的施工机械

C. 增加劳动力和施工机械的数量　　　　D. 改进施工工艺和施工技术

130. 下列选项中，属于进度控制主要工作环节的是（　　　）。

A. 采取纠偏措施　　　　　　　　　　B. 评审设计方案

C. 进度控制工作管理职能分工　　　　D. 编制项目进度控制工作流程

131. 在工程建设设计进度控制计划体系中，需要考虑设计分析评审工作时间安排的进度计划是（　　　）。

A. 各专业详细的出图计划　　　　　　B. 施工图设计工作进度计划

C. 初步设计工作进度计划　　　　　　D. 设计作业进度计划

132. 监理工程师控制建设工程施工进度的工作内容包括（　　　）。

A. 编制或审核分部工程施工进度计划　　B. 审核承包商调整后的施工进度计划

C. 编制工程项目投资计划年度分配表　　D. 审核年度竣工投产交付使用计划表

133. 某吊装构件施工过程包括 12 组构件，该施工过程综合时间定额为 6 台班/组，计划每天安排 2 班，每班 2 台吊装机械完成该施工过程，则其持续时间为（　　　）天。

A. 36　　　　　　　B. 18　　　　　　　C. 8　　　　　　　D. 6

134. 监理工程师控制建设工程进度的技术措施是指（　　　）。

A. 审查承包商提交的进度计划　　　　B. 建立进度控制目标体系

C. 及时办理工程进度款支付手续　　　　D. 建立进度信息沟通网络

135. 在双代号或单代号网络计划中，判别关键工作的条件是该工作（　　　）。

A. 自由时差最小　　　　　　　　　　B. 与其紧后工作之间的时间间隔为零

C. 持续时间最长　　　　　　　　　　D. 最迟开始时间与最早开始时间的差值最小

136. 在建设工程施工阶段，由于承包单位的责任造成工期延误后，监理工程师对修改后的施工进度计划的批准意味着（　　　）。

A. 批准了工程延期　　　　　　　　　B. 批准了承包单位在合理状态下施工

C. 修改了合同工期　　　　　　　　　D. 解除了承包单位的责任

137. 在实行建设项目总进度目标控制前，建设单位对项目总进度管理的首要任务是（　　　）。

A. 收集和整理比较详细的设计资料

B. 比较和分析各项技术方案的合理性

C. 分析和论证进度目标实现的可能性

D. 提出和改进设计、施工的进度控制措施

138. 在建设工程进度控制计划体系中，属于设计单位计划系统的是（　　）。

    A. 分部分项工程进度计划   B. 阶段性设计进度计划

    C. 工程项目年度计划   D. 年度建设资金计划

139. 利用横道图表示工程进度计划的主要特点是（　　）。

    A. 能够反映工作所具有的机动时间

    B. 能够明确表达各项工作之间的逻辑关系

    C. 形象直观，易于编制和理解

    D. 能方便地利用计算机实行计算和优化

140. 建设工程进度计划的编制程序中，属于计划准备阶段应完成的工作是（　　）。

    A. 分析工作之间的逻辑关系   B. 计算工作持续时间

    C. 实行项目分解   D. 确定进度计划目标

141. 在有充足工作面的前提下，组织（　　）时，施工工期最短。

    A. 依次施工   B. 平行施工   C. 流水施工   D. 分包施工

142. 根据网络计划时间参数计算得出的工期称为（　　）。

    A. 要求工期   B. 计划工期   C. 计算工期   D. 合同工期

143. 工作的总时差是指在不影响（　　）的前提下，本工作所具有的机动时间。

    A. 本工作最早完成时间   B. 紧后工作最早完成时间

    C. 网络计划总工期   D. 紧后工作最早开始时间

144. 当本工作有紧后工作时，其自由时差等于所有紧后工作最早开始时间与本工作（　　）。

    A. 最早开始时间之差的值   B. 最早开始时间之差的最小值

    C. 最早完成时间之差的值   D. 最早完成时间之差的最小值

145. 进度计划实施过程中，一旦发现进度偏差，应采取措施对进度计划实行调整，下列工作中属于进度调整系统过程的是（　　）。

    A. 对实际进度数据实行加工处理

    B. 将实际进度与计划进度实行对比分析

    C. 计算进度偏差

    D. 分析进度偏差对后续工作和总工期的影响

146. 某工程进度计划执行过程中，发现某工作出现进度偏差，但该偏差未影响总工期，则说明该项工作的进度偏差（　　）。

    A. 大于该工作的总时差   B. 小于该工作的总时差

    C. 大于该工作的自由时差   D. 小于该工作的自由时差

147. 下列因素中，能影响建设工程设计进度的是（　　）。

    A. 选定设计单位   B. 商签设计合同

    C. 设计各专业之间的协调配合   D. 施工材料和机械设备的采购

148. 在单位工程施工进度计划编制过程中，需要在计算劳动量和机械台班数之前完成的工作是（　　）。

    A. 划分工作项目
    B. 落实项目开工日期
    C. 确定工作项目的持续时间
    D. 编制资源供应计划

149. 项目监理机构对施工总进度计划审查的基本要求是（　　）。

    A. 满足施工计划工期
    B. 施工材料和设备供应合同已签订
    C. 施工顺序的安排符合搭接要求
    D. 主要工程项目无遗漏

150. 通过缩短某些工作的持续时间调整施工进度计划时，其主要特点是（　　）。

    A. 在非关键线路上缩短工作持续时间
    B. 采用平行作业方式加快施工进度
    C. 不改变工作之间的先后顺序关系
    D. 保持网络计划中关键工作不变

151. 项目监理机构批准工程延期的基本原则是（　　）。

    A. 项目监理机构对施工现场实行了详细考察和分析
    B. 延期事件发生在非关键线路上，且延长的时间未超过总时差
    C. 工作延长的时间超过其相对应总时差，且由承包单位自身原因引起
    D. 延期事件是由承包单位自身以外的原因造成

152. 建设工程物资储备计划的编制依据是（　　）。

    A. 物资供应方式
    B. 物资市场价格
    C. 工程承发包模式
    D. 生产组织方式

153. 项目监理机构受建设单位委托控制物资供应进度时，其工作内容是（　　）。

    A. 组织对投标文件的技术评价
    B. 签订物资供应合同
    C. 确定建设单位推荐的物资供应单位
    D. 组织编制物资供应招标文件

154. 影响项目进度的因素中，（　　）影响最多。

    A. 人的因素
    B. 环境、社会因素
    C. 水文地质与气象因素
    D. 管理因素

155. 随着项目的进展，进度控制是一个（　　）的管理过程。

    A. 动态
    B. 静态
    C. 封闭
    D. 开放

156. 建设工程项目总进度目标的控制是（　　）项目管理的任务。

    A. 施工方
    B. 供货方
    C. 管理方
    D. 业主方

157. 建设项目进度计划的跟踪检查与调整不包括（　　）。

    A. 必要时调整进度计划
    B. 确定项目的工作编码系统
    C. 定期跟踪检查进度计划执行情况
    D. 计算网络计划的时间参数

158. 大型建设工程项目总进度目标论证的核心工作是（　　）。

    A. 编制总进度纲要
    B. 编制总进度规划
    C. 分析总进度目标实现的可能性
    D. 提出应采取的措施

159. 与工程网络计划方法相比，横道图进度计划方法的缺点是不能（　　）。

    A. 直观表示计划中工作的持续时间
    B. 确定实施计划所需要的资源数量

C. 直观表示计划完成所需要的时间　　　D. 确定计划中的关键工作和时差

160. 建设工程常用网络计划中，双代号网络图中虚箭线表示（　　　）。
    A. 自由消耗程度　　　　　　　　　　B. 工作的持续时间
    C. 工作之间的逻辑关系　　　　　　　D. 非关键工作

161. 在网络计划中，工作的最早开始时间应为其所有紧前工作的（　　　）。
    A. 最早完成时间的最大值　　　　　　B. 最早完成时间的最小值
    C. 最迟开始时间的最大值　　　　　　D. 最迟开始时间的最小值

162. 在网络计划中，下列关于关键线路的说法中错误的是（　　　）。
    A. 相邻两项工作间的时间间隔均为零的线路
    B. 总持续时间最长的线路
    C. 时标网络计划中没有波形线的线路
    D. 双代号网络计划中由关键节点连成的线路

163. 在网络计划中，工作 N 最迟完成时间为第 25 天，持续时间为 6 天。该工作有三项紧前工作，它们的最早完成时间分别为第 10 天、第 12 天和第 13 天，则工作 N 的总时差（　　　）。
    A. 6 天　　　　　B. 9 天　　　　　C. 12 天　　　　　D. 15 天

164. 在网络计划执行过程中，若某项工作比原计划拖后，当拖后的时间大于其拥有的自由时差时，则肯定影响（　　　）。
    A. 总工期　　　　B. 后续工作　　　　C. 所有紧后工作　　　D. 某些紧后工作

165. 当关键线路的实际进度比计划进度拖后时，应在尚未完成的关键工作中，选择（　　　）的工作缩短其持续时间，并重新计算未完成部分的时间参数，将其作为一个新计划实施。
    A. 资源强度小或费用低　　　　　　　B. 直接费用高
    C. 资源强度大或费用高　　　　　　　D. 工作时间长

166. 建设工程进度控制措施中，采用信息技术辅助进度控制属于进度控制的（　　　）。
    A. 组织措施　　　B. 管理措施　　　C. 经济措施　　　D. 技术措施

167. 在项目组织结构中，应由（　　　）负责进度控制工作。
    A. 总承包公司　　B. 专门的工作部门　　C. 项目管理部门　　D. 分包人

168. 在进度控制组织设计中，各项工作任务和相应的管理职能应在（　　　）中标示并落实。
    A. 任务分工表　　B. 结构分析图　　C. 合同结构图　　D. 工作流程图

169. 检查网络计划时，发现某工作尚需作业 A 天，到该工作计划最迟完成时刻尚余 B 天，原有总时差为 C 天，则该工作尚有总时差为（　　　）天。
    A. C - A　　　　B. C - B　　　　C. A - B　　　　D. B - A

170. 进度计划执行信息的主要来源是（　　　）。

A. 进度分析　　　　　　　　　　B. 对进度计划的执行情况进行跟踪检查
C. 进度报表　　　　　　　　　　D. 进度调整方案

171. 两条 S 形曲线组合成的闭合曲线图形称为（　　　）。
　　　A. 网络曲线　　　　B. "8" 形曲线　　　C. "3" 形曲线　　　D. 香蕉形曲线

172. 前锋线比较法适用于（　　　）。
　　　A. 单代号网络计划技术　　　　　　B. 时标网络计划
　　　C. 双代号网络计划技术　　　　　　D. 网络计划的优化

173. 某工程双代号网络计划如下图所示，其中工作 G 的最早开始时间为第（　　　）天。

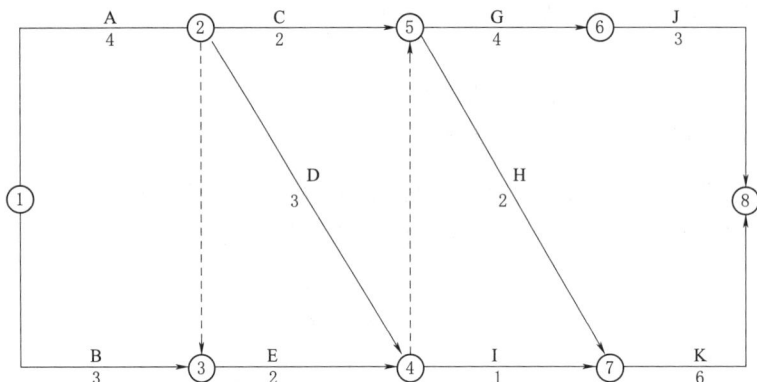

　　　A. 6　　　　　　　B. 9　　　　　　　C. 10　　　　　　　D. 12

174. 为了确保进度控制目标的实现，通过缩短某些工作持续时间的方法调整施工进度计划时，可采用的组织措施是（　　　）。
　　　A. 改善劳动条件　　　　　　　　B. 实行包干奖励
　　　C. 采用更先进的施工机械　　　　D. 增加工作面和施工队伍

175. 当工程延期事件具有持续性时，根据工程延期的审批程序，监理工程师应在调查核实阶段性报告的基础上完成的工作是（　　　）。
　　　A. 尽快做出延长工期的临时决定　　B. 及时向政府有关部门报告
　　　C. 要求承包单位提出工程延期意向申请　　D. 重新审核施工合同条件

176. 下列各项工作中，属于监理工程师控制建设工程施工进度工作的是（　　　）。
　　　A. 编制单位工程施工进度计划　　　B. 协助承包单位确定工程延期时间
　　　C. 调整施工总进度计划　　　　　　D. 定期向业主提供工程进度报告

177. 下列（　　　）属于进度控制的合同措施。
　　　A. 分包合同的工期与总包合同要求相一致
　　　B. 落实实现进度目标的保证资金
　　　C. 建立并实施关于工期和进度的奖罚制度
　　　D. 整理统计实际进度信息

178. 建设工程施工阶段，为加快施工进度可采取的组织措施是（　　　）。

A. 采用更先进的施工机械   B. 改进施工工艺

C. 增加每天的施工时间   D. 改善劳动条件

179. 建设工程进度控制是监理工程师的主要任务之一，其最终目的是确保建设项目（   ）。

A. 在实施过程中应用动态控制原理   B. 按预定的时间动用或提前交付使用

C. 进度控制计划免受风险因素的干扰   D. 各方参建单位的进度关系得到协调

180. BIM 是以建筑工程项目的（   ）作为模型的基础，进行建筑模型的建立，通过数字信息仿真模拟建筑物所具有的真实信息。

A. 各项相关信息数据   B. 设计模型

C. 建筑模型   D. 设备模型

181. 4D 进度管理软件是在三维几何模型上，附加施工（   ）（例如，某结构构件的施工时间为某时间段）4D 模型，进行施工进度管理。

A. 安全信息   B. 成本信息   C. 时间信息   D. 管理信息

182. 施工方项目管理的核心任务是项目的（   ）。

A. 质量控制   B. 进度控制   C. 安全控制   D. 目标控制

183. 下列选项中，不属于建设项目进度控制的工作内容的是（   ）。

A. 工作程序   B. 持续时间

C. 逻辑关系编制计划   D. 施工方案

184. 下列选项中，不属于 BIM 技术在施工进度管理中的应用的是（   ）。

A. 施工过程 4D 模拟   B. BIM 施工组织设计

C. 移动终端管理   D. 工程量动态查询与统计

二、多项选择题

1. 对建设工程三大目标之间的统一关系进行分析时，应注意的主要问题有（   ）。

A. 对造价、进度、质量目标进行定性分析

B. 将造价、进度、质量目标分别进行分析论证

C. 掌握客观规律，充分考虑制约因素

D. 对未来的、可能的收益不宜过于乐观

E. 将目标规划和计划结合起来

2. 下列关于被动控制的说法，正确的有（   ）。

A. 被动控制的作用之一是可以降低偏差发生的概率

B. 被动控制可以降低目标偏离的严重程度

C. 被动控制表现为一个循环过程

D. 被动控制是一种面对现实的控制

E. 被动控制是一种面对未来的控制

3. 关于建设工程网络计划技术特征的说法，正确的有（   ）。

A. 计划评审技术（PERD）、图示评审技术（GERT）、风险评审技术（VERT）、关键

线路法（CPM）均属于非确定型网络计划

  B. 网络计划能够明确表达各项工作之间的逻辑关系

  C. 通过网络计划时间参数的计算，可以找出关键线路和关键工作

  D. 通过网络计划时间参数的计算，可以明确各项工作的机动时间

  E. 网络计划可以利用电子计算机进行计算、优化和调整

4. 在对建设工程实施全过程监理的情况下，监理单位总进度计划的编制依据有（ ）。

  A. 施工单位的施工总进度计划   B. 工程项目建设总进度计划

  C. 设计单位的设计总进度计划   D. 工程项目可行性研究报告

  E. 工程项目前期工作计划

5. 下列各类参数中，属于流水施工参数的有（ ）。

  A. 工艺参数   B. 定额参数   C. 空间参数   D. 时间参数

  E. 机械参数

6. 下列建设工程进度影响因素中，属于业主因素的有（ ）。

  A. 提供的场地不能满足工程正常需要

  B. 施工计划安排不周密导致相关作业脱节

  C. 临时停水、停电、断路

  D. 不能及时向施工承包单位付款

  E. 外单位临近工程施工干扰

7. 关于双代号时标网络计划特点的说法，正确的有（ ）。

  A. 无需箭线的线路为关键线路

  B. 无波纹线的线路为关键线路

  C. 波纹线的长度为相邻工作之间的时间间隔

  D. 工作的总时差等于本工作至终点线路上波纹线长度之和

  E. 工作的最早开始时间等于工作开始节点对应的时标刻度值

8. 网络计划的工期优化过程中，压缩关键工作的持续时间应优先选择（ ）的关键工作。

  A. 有充足备用资源   B. 对质量影响较大

  C. 所需增加费用最少   D. 持续时间最长

  E. 紧后工作最少

9. 下列导致工程拖期的原因或情形，监理工程师按合同规定可以批准工程延期的有（ ）。

  A. 异常恶劣的气候条件

  B. 属于承包单位自身以外的原因

  C. 工程拖期事件发生在非关键线路上，且延长的时间未超过总时差

  D. 工程拖期的时间超过其相应的总时差，且由分包单位原因引起

  E. 监理工程师对已隐蔽的工程进行剥离检查，经检查合格而拖期的时间

10. 项目监理机构对施工进度计划审核的主要内容有（ ）。

A. 施工进度计划应符合施工合同中工期的约定

B. 对施工进度计划执行情况的检查应符合动态要求

C. 施工顺序的安排应符合施工工艺要求

D. 施工人员、工程材料、施工机械等资源供应计划应满足施工进度计划的需要

E. 施工进度计划应符合建设单位提供的资金、施工图纸等施工条件

11. 当监理工程师协助业主将某建设项目的设计和施工任务发包给一个承包商后，需要审核的进度计划有（   ）。

A. 工程项目建设总进度计划　　　　B. 工程设计总进度计划

C. 工程项目年度计划　　　　　　　D. 工程施工总进度计划

E. 单位工程施工进度计划

12. 工程师依据施工现场的下列情况向承包人发布暂停施工指令时，其中应顺延合同工期的情况有（   ）。

A. 发包人订购的设备未能按时到货

B. 施工作业方法存在重大安全隐患

C. 后续施工现场未能按时完成移民拆迁工作

D. 施工中遇到有考古价值的文物需要采取保护措施予以保护

E. 地基开挖遇到勘察资料未标明的断层，需要重新确定基础处理方案

13. 在施工进度控制过程中，项目监理机构的主要工作内容有（   ）。

A. 下达工程开工令　　　　　　　　B. 协助承包商编制进度计划

C. 组织现场协调会　　　　　　　　D. 向承包商提供进度报告

E. 进行施工进度控制目标实现的风险分析

14. 某工程双代号时标网络计划执行到第6周末和第11周末时，检查其实际进度如下图前锋线所示，检查结果表明（   ）。

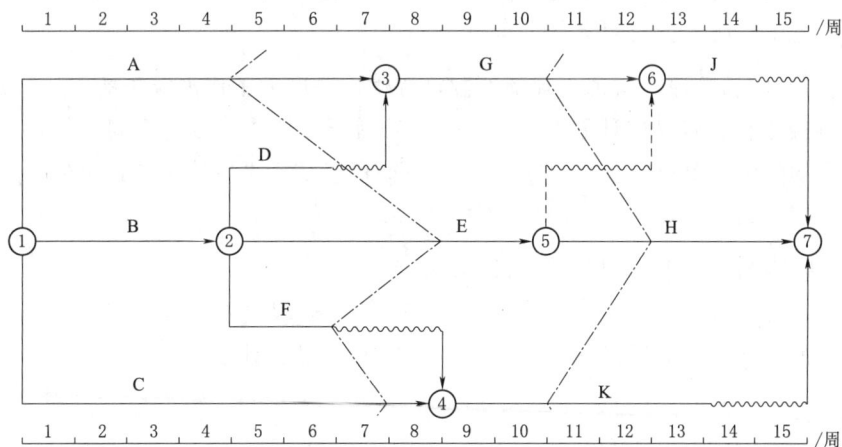

A. 第6周末检查时，工作A拖后1周，不影响总工期

B. 第6周末检查时，工作E提前1周，不影响总工期

C. 第6周末检查时，工作C提前1周，预计总工期缩短1周

D. 第 11 周末检查时，工作 G 拖后 1 周，不影响总工期

E. 第 11 周末检查时，工作 H 提前 1 周，预计总工期缩短 1 周

15. 工程质量监督机构对工程建设项目的监督工作包括（　　）。

    A. 检查工程项目报建审批手续是否齐全

    B. 检查工程项目的实际进度是否与进度计划一致

    C. 检查承包人是否有转包工程的行为

    D. 抽查检验主体结构工程的施工质量是否满足规范要求

    E. 监督工程验收程序是否符合验收规范的要求

16. 当工程延期事件发生后，承包单位应在合同规定的有效期内向监理工程师提交（　　）。

    A. 临时延期申请　　　　　　　　B. 延期意向通知

    C. 原始进度计划　　　　　　　　D. 详细申述报告

    E. 工程变更指令

17. 发包人出于某种需要希望工程能提前竣工，则他应做的工作包括（　　）。

    A. 向承包人发出必须提前竣工的指令　　B. 与承包人协商并签订提前竣工协议

    C. 负责修改施工进度计划　　　　　　　D. 为承包人提供赶工的便利条件

    E. 减少对工程质量的检测试验项目

18. 影响建设工程进度的不利因素有很多，其中属于组织管理因素的有（　　）。

    A. 地下埋藏文物的保护及处理　　　　　B. 临时停水停电

    C. 施工安全措施不当　　　　　　　　　D. 计划安排原因导致相关作业脱节

    E. 向有关部门提出各种申请审批手续的延误

19. 建设工程施工进度控制工作细则的内容包括（　　）。

    A. 施工进度控制目标分解图　　　　　　B. 施工现场材料二次搬运安排

    C. 施工进度控制的方法和措施　　　　　D. 分包单位进出场时间安排

    E. 施工进度控制人员的职责分工

20. 在建设工程实施阶段，监理工程师控制物资供应进度的工作内容包括（　　）。

    A. 编制或审核物资供应计划　　　　　　B. 确定物资供应分包合同清单

    C. 选定物资供应单位　　　　　　　　　D. 审查物资供应情况分析报告

    E. 监测物资到场情况

21. 监理总进度分解计划按工程进展阶段分为（　　）。

    A. 设计准备阶段进度计划　　　　　　　B. 设计阶段进度计划

    C. 动用前准备阶段进度计划　　　　　　D. 年度进度计划

    E. 月度进度计划

22. 工程项目年度计划的内容包括（　　）。

    A. 投资计划年度分配表　　　　　　　　B. 年度计划形象进度表

    C. 年、季、月进度计划表　　　　　　　D. 年度建设资金平衡表

    E. 竣工投产交付使用表

23. 在工程项目进度控制计划系统中，由建设单位负责编制的计划表包括（   ）。
    A. 工程项目进度平衡表　　　　　　　B. 年度计划形象进度表
    C. 年度建设资金平衡表　　　　　　　D. 项目动用前准备工作计划表
    E. 工程项目总进度计划表

24. 关于网络计划正确的有（   ）。
    A. 建设工程设计、施工阶段的进度控制，均可使用网络计划技术
    B. 网络计划可分为确定型和非确定型两类
    C. 建设工程进度控制主要应用确定型网络计划
    D. 对于确定型网络计划来说，常用双代号网络计划和单代号网络计划
    E. 网络计划可以应用计算机进行优化和调整，因此相对横道图比较简单

25. 与横道计划相比，网络计划具有以下主要特点（   ）。
    A. 网络计划能够明确表达各项工作之间的逻辑关系
    B. 通过网络计划时间参数的计算，可以找出关键线路和关键工作
    C. 通过网络计划时间参数的计算，可以明确各项工作的机动时间
    D. 确定型网络计划只有普通双代号网络计划和单代号网络计划
    E. 比横道计划直观明了

26. 设计阶段进度控制的意义说法错误的是（   ）。
    A. 设计进度控制是建筑工程进度控制的重要内容
    B. 设计进度控制是施工进度控制的前提
    C. 设计进度控制是设备和材料供应进度控制的前提
    D. 设计进度控制能提高企业经济效益

27. 进度控制主要控制的是建设工程的（   ）。
    A. 目标　　　　　B. 施工技术　　　　　C. 工期　　　　　D. 质量

28. 下列属于BIM技术在进度管理中的主要应用措施有（   ）。
    A. BIM施工进度模拟
    B. 建立成本的5D（3D实体、时间、成本）关系数据库
    C. BIM建筑施工优化系统
    D. 项目动态控制系统
    E. 项目质量跟踪

29. 计算机辅助工程网络计划编制的意义，在于（   ）。
    A. 确保工程网络计划计算的准确性　　　B. 确保工程网络计划原始资料的准确性
    C. 确保工程网络计划的按时完成　　　　D. 有利于工程网络计划的及时调整
    E. 有利于编制资源需求计划

30. BIM技术在施工进度管理中的优势及作用包括（   ）。
    A. 加快招投标组织工作　　　　　　　B. 碰撞检测，减少变更和返工进度损失
    C. 加快施工过程中资金运转速度　　　D. 提升项目决策效率

E. 提升全过程协同效率

31. 通过基于 BIM 的 4D 施工进度模拟，能够对施工过程进行有效进度管理，主要包括（　　）。

   A. 基于 BIM 施工组织，对工程重点和难点的部位进行分析，制定切实可行的对策

   B. 依据 BIM 模型，确定施工方案，排定计划，划分流水段

   C. 基于 BIM 模型的信息协同平台，有效提升信息传输效率及管理进度

   D. 通过对 BIM 模型施工过程的模拟动画展示对现场施工进度进行每日管理

   E. 通过 BIM 模型的参数化特性，在工程变更时，有效减少模型调整工作量，有利于施工进度的保障

第6章 建设工程安全监理

一、单项选择题

1. 下列不是"三同时"原则的是（　　）。
   A. 同时设计　　　　　B. 同时施工　　　　　C. 同时投产使用　　D. 同时招标

2. 《建设工程安全生产管理条例》明确规定了："工程监理单位和（　　）应当按照法律、法规和工程建设强制性标准实施监理，并对建设工程安全生产承担监理责任"。
   A. 建设单位　　　　　　　　　　　B. 监理单位法人代表
   C. 监理单位总经理　　　　　　　　D. 监理工程师

3. 从事建筑活动的专业技术人员，应当（　　）从事建筑活动。
   A. 依法取得相应的执业资格证书，但可以在职业资格证书许可的范围外
   B. 依法取得相应职业资格证书，并在执业资格证书许可的范围内
   C. 不必取得执业资格证书
   D. 依法取得相应的职业资格证书，但可以在职业资格证书许可的范围外

4. 违反《建设工程安全生产管理条例》的规定，施工单位的主要负责人、项目负责人未履行安全生产管理职责的，责令限期改正；逾期未改正的，责令施工单位停业整顿；造成重大安全事故、重大伤亡事故或者其他严重后果，构成犯罪的，依照刑法有关规定追究（　　）。
   A. 民事责任　　　　　B. 行政责任　　　　　C. 刑事责任　　　　D. 赔偿责任

5. 某新设立的建筑施工总承包公司，依据《建设工程安全生产管理条例》规定，下列做法正确的是（　　）。
   A. 应当设立安全生产管理机构，配备兼职安全生产管理人员
   B. 不必设立安全生产管理机构，但须配备兼职安全生产管理人员
   C. 不必设立安全生产管理机构，但须配备专职安全生产管理人员
   D. 应当设立安全生产管理机构，配备专职安全生产管理人员

6. 工程监理企业的（　　）对本企业的施工安全监理工作全面负责。
   A. 监理单位的法人代表　　　　　　B. 总监理工程师
   C. 监理单位的技术负责人　　　　　D. 监理单位的法定代表人

7. 工程监理单位在实施监理过程中，发现存在安全事故隐患的，应当要求施工单位整改；情况严重的，应当要求施工单位暂时停止施工，并及时报告（　　）。
   A. 建设主管部门　　B. 建设单位　　C. 监理单位领导　　D. 施工单位领导

8. （　　）对工程项目和安全生产监理总负责。

A. 监理单位 　　　　　　　　　　　B. 总监理工程师

C. 监理单位的技术负责人 　　　　　D. 专职安全监理工程师

9. 施工过程中，发现安全施工事故隐患应该（　　　）。

A. 立即指令施工单位整改

B. 指令施工单位暂停施工

C. 报告建设行政主管部门

D. 立即指令施工单位整改，情况严重的指令施工单位暂停

10. 模板施工安全监理由（　　　）负责。

A. 监理员 　　　　　　　　　　　　B. 土建监理员

C. 安全监理工程师 　　　　　　　　D. 土建监理工程师

11. 基坑、高处作业等的施工安全监理由（　　　）负责。

A. 监理员 　　　　　　　　　　　　B. 土建监理工程师

C. 安全监理工程师 　　　　　　　　D. 土建监理员

12. 审查专业分包和劳务分包的企业资质是（　　　）在施工安全监理工作的主要职责。

A. 专职安全监理员 　　　　　　　　B. 总监理工程师

C. 监理单位的技术负责人 　　　　　D. 专职安全监理工程师

13. 审批施工安全监理实施细则是（　　　）在施工安全监理工作中的主要职责。

A. 监理单位的法定代表人 　　　　　B. 总监理工程师

C. 监理单位的技术负责人 　　　　　D. 专职安全监理工程师

14. （　　　）对危险性较大的分部分项工程和安全事故易发工序进行旁站、巡查，并做好安全检查记录。

A. 专业监理工程师 　　　　　　　　B. 总监理工程师

C. 安全专业监理工程师 　　　　　　D. 监理员

15. 《建设工程安全生产管理条例》规定，施工单位的主要负责人、项目负责人、专职安全生产管理人员应当经（　　　）考核合格后方可任职。

A. 建设部 　　　　　　　　　　　　B. 建设行政主管部门或者其他有关部门

C. 安全生产综合管理部门 　　　　　D. 劳动和社会保障部门

16. 实行监理的建筑工程，由（　　　）委托具有相应资质条件的工程监理单位监理。

A. 总承包单位 　　　　　　　　　　B. 分包单位

C. 建设单位 　　　　　　　　　　　D. 各级人民政府建设行政主管部门

17. 施工单位应当设立安全生产管理机构，配备（　　　）安全生产管理人员。

A. 兼职 　　　　B. 专职 　　　　C. 业余 　　　　D. 分开设置

18. 《建设工程安全生产管理条例》规定，（　　　）负责对安全生产进行现场监督检查。

A. 专职安全生产管理人员 　　　　　B. 工程项目技术人员

C. 工程项目施工人员 　　　　　　　D. 项目负责人

19. 国务院 493 号令自 2007 年 6 月 1 日起施行的《生产安全事故报告和调查处理条例》中，安全生产较大事故是指一次死亡（　　）。
　　A. 30 人以上　　　　B. 10～30 人　　　　C. 3～10 人　　　　D. 3 人以下

20. （　　）是指造成 10 人以上 30 人以下死亡，或者 50 人以上 100 人以下重伤，或者 5000 万元以上 1 亿元以下直接经济损失的事故。
　　A. 重大事故　　　　B. 较大事故　　　　C. 特别重大事故　　D. 一般事故

21. （　　）是指造成 3 人以上 10 人以下死亡，或者 10 人以上 50 人以下重伤，或者 1000 万元以上 5000 万元以下直接经济损失的事故。
　　A. 重大事故　　　　B. 较大事故　　　　C. 特别重大事故　　D. 一般事故

22. 国务院安全生产监督管理部门和负有安全生产监督管理职责的有关部门以及省级人民政府阶段发生特别重大事故、重大事故的报告后，应当（　　）报告国务院。
　　A. 立即　　　　　　B. 1 小时内　　　　C. 2 小时内　　　　D. 3 小时内

23. 事故调查组应当自事故发生之日起（　　）提交事故调查报告。
　　A. 15 日内　　　　B. 20 日内　　　　C. 30 日内　　　　D. 60 日内

24. 重大事故、较大事故、一般事故，负责事故调查的人民政府应当自收到事故调查报告之日起（　　）内作出批复。
　　A. 5 日　　　　　　B. 10 日　　　　　　C. 15 日　　　　　　D. 30 日

25. 下列不是建设工程安全监理的主要方法的是（　　）。
　　A. 听　　　　　　　B. 问　　　　　　　C. 送检　　　　　　D. 运转试验

26. 施工中发生事故时，（　　）应当采取紧急措施减少人员伤亡和事故损失，并按照国家有关规定及时向有关部门报告。
　　A. 建设单位　　　　B. 监理单位　　　　C. 相关责任人员　　D. 建筑施工企业

27. 建设工程实行总承包的，分包单位发生事故后，应立即先向（　　）报告。
　　A. 建设单位　　　　B. 监理单位　　　　C. 总承包单位　　　D. 主管部门

28. 监理在审查专项施工方案时，最主要是审查其有没有违背（　　）条款。
　　A. 建筑法　　　　　　　　　　　　B. 工程建设强制性标准
　　C. 合同　　　　　　　　　　　　　D. 施工验收规范

29. （　　）是建筑施工企业所有安全规章制度的核心。
　　A. 安全检查制度　　　　　　　　　B. 安全技术交底制度
　　C. 安全教育制度　　　　　　　　　D. 安全生产责任制度

30. （　　）对建设工程项目的安全施工负责。
　　A. 专职安全管理人员　　　　　　　B. 工程项目技术负责人
　　C. 项目负责人　　　　　　　　　　D. 施工单位负责人

31. 施工组织设计以及达到一定规模的危险性较大的分部分项工程的专项施工方案经（　　）签字后，方可实施。

A. 施工单位技术负责人

B. 工程监理单位总监理工程师

C. 工程项目技术负责人和工程监理单位监理工程师

D. 施工单位技术负责人和工程监理单位总监理工程师

32. 当发现施工现场存在重大安全隐患时，应当及时签发（　　）监理指令。

　　A. 口头指令　　　　B. 工作联系单　　　　C. 监理通知　　　　D. 工程暂停令

33. 监理员应按规定对危险性较大的分部分项工程的施工过程实行旁站，对施工单位的违章指挥、违章作业行为及时进行（　　）；发现安全事故隐患及时报告专业监理工程师或总监。

　　A. 整改　　　　　　B. 监督　　　　　　C. 检查　　　　　　D. 制止

34. 临时用电施工组织设计应当由（　　）编制。

　　A. 电气工程技术人员　　　　　　　　B. 总监理工程师

　　C. 项目经理　　　　　　　　　　　　D. 施工单位技术负责人

35. 临时用电施工组织设计应当由（　　）批准后实施。

　　A. 电气工程技术人员　　　　　　　　B. 总监理工程师

　　C. 项目经理　　　　　　　　　　　　D. 专业监理工程师

36. 《建设工程安全生产管理条例》规定，对于达到一定规模的危险性较大的分部分项工程，施工单位应当编制（　　）。

　　A. 单项工程施工组织设计　　　　　　B. 安全施工方案

　　C. 专项施工方案　　　　　　　　　　D. 施工组织设计

37. 按照建设部的有关规定，对达到一定规模的危险性较大的分部分项工程中涉及深基坑、地下暗挖工程、高大模板工程的专项施工方案，施工单位应当组织（　　）进行论证、审查。

　　A. 专家　　　　　　　　　　　　　　B. 监理工程师

　　C. 施工单位技术人员　　　　　　　　D. 专业监理工程师

38. 施工单位在编制施工组织设计时，应当根据建筑工程的特点制定相应的（　　）。

　　A. 安全防护设施　　B. 安全技术措施　　C. 安全技术制度　　D. 质量技术制度

39. （　　）应当审查施工组织设计中安全技术措施或者专项施工方案是否符合工程建设强制标准。

　　A. 建设单位　　　　B. 工程监理单位　　　C. 设计单位　　　D. 施工单位

40. 根据《建设工程安全生产管理条例》（　　）应当制定本单位生产安全事故应急救援预案。

　　A. 设计单位　　　　B. 业主　　　　　　C. 施工单位　　　　D. 开发商

41. 专项方案在实施过程中，施工单位根据实际情况做了修改，修改后（　　）。

　　A. 报项目总监批准执行　　　　　　　B. 报项目经理批准执行

C. 报建设单位批准执行　　　　　　D. 按照原方案规定报审程序重新报审

42. 下列（　　）不是施工安全监理资料包含的内容。
    A. 施工单位安全管理组织机构　　　B. 安全生产人员的岗位证书
    C. 安全生产考核合格证书　　　　　D. 吊篮作业人员安全教育培训证书

43. 下列（　　）不是施工安全监理资料包含的内容。
    A. 施工单位专项施工方案　　　　　B. 工程项目应急预案
    C. 施工单位安全生产责任制　　　　D. 施工单位安全技术交底记录

44. 建筑施工企业在编制施工组织设计时，应当根据（　　）制定相应安全技术措施。
    A. 建筑工程特点　　B. 建设单位的要求　　C. 本单位特点　　D. 主管部门的要求

45. 施工外用电梯和塔吊还必须经过（　　），才能投入安装和使用。
    A. 检测　　　　　　B. 备案登记　　　　C. 检测备案登记　　D. 专家论证

46. 搭设高度（　　）m以上的落地式钢管脚手架工程属于超一定规模的危险性较大的分部分项工程。
    A. 24　　　　　　　B. 36　　　　　　　C. 40　　　　　　　D. 50

47. 深度超过（　　）m的基坑四周必须设置临边防护栏。
    A. 1　　　　　　　B. 2　　　　　　　C. 3　　　　　　　D. 5

48. 模板及其支架在安装过程中，必须设置（　　）。
    A. 保证工程质量措施　　　　　　　B. 提高施工速度措施
    C. 保证节约材料计划　　　　　　　D. 有效防倾覆的临时固定设施

49. 模板安装作业高度超过（　　）m时，必须搭设脚手架或平台。
    A. 2.0　　　　　　B. 1.8　　　　　　C. 1.5　　　　　　D. 2.5

50. 高处作业是指凡在坠落高度基准（　　）m及以上有可能坠落的各类登高、洞口、临边等高处所进行的作业。
    A. 4.5　　　　　　B. 3.5　　　　　　C. 2.5　　　　　　D. 2

51. 按照建设部的有关规定，开挖深度超过（　　）的基坑、槽的土方开挖工程应当编制专项施工方案。
    A. 3m（含3m）　　B. 5m　　　　　　C. 5m（含5m）　　D. 8m

52. 《特种设备安全监察条例》规定的施工起重机械，在验收前应当经（　　）的检验检测机构监督检验合格。
    A. 有相应资质　　　　　　　　　　B. 建设行政主管部门
    C. 质量技术监督部门　　　　　　　D. 安全生产监督管理部门

53. 在脚手架主节点处必须设置一根（　　），用直角扣件扣紧，且严禁拆除。
    A. 纵向水平杆　　　B. 连墙件　　　　C. 竖向水平杆　　　D. 横向水平杆

54. 根据《建设工程安全生产管理条例》，作业人员进入新的岗位或者新的施工现场前，应当接受（   ）。

    A. 专业培训
            B. 操作规程培训

    C. 安全生产教育培训
          D. 治安防范教育培训

55. 支撑结构的安装与拆除顺序，应与混凝土基坑支护结构的设计计算工况相一致，必须遵守（   ）。

    A. 先开挖后支撑
          B. 开挖、支撑同时进行

    C. 先支撑后开挖
          D. 直接开挖

56. 基坑内设置作业人员上下坡道或爬梯，数量不少于（   ）个。

    A. 1
        B. 2
        C. 3
        D. 4

57. 《建设工程安全生产管理条例》规定，在施工准备阶段，监理单位应按照工程建设强制性标准、《建设工程监理规范》的要求，编制包括（   ）内容的项目监理规划。

    A. 安全规划
    B. 安全监理
    C. 安全监管
    D. 安全细则

58. 监理单位的总监理工程师和（   ）人员需经安全生产教育培训后方可上岗。

    A. 专业监理工程师
    B. 总监代表
    C. 安全监理
    D. 监理员

59. （   ）负责建筑安全生产的管理。

    A. 劳动行政管理部门
          B. 建筑业协会

    C. 建设行政管理部门
          D. 国务院

60. 建筑工程实行总承包，（   ）将建筑工程肢解发包。

    A. 允许
    B. 原则上制止
    C. 禁止
    D. 原则上允许

61. 施工单位应当建立健全教育培训制度，加强对职工的教育培训，未经教育培训或者考核不合格的人员，（   ）。

    A. 不得上岗作业
    B. 应当下岗
    C. 可以上岗作业
    D. 调到其他岗位任职

62. 下列（   ）不是事故应急救援的基本任务。

    A. 消除危害后果
          B. 组织救援和保护危害区域内的人员

    C. 查清事故原因
          D. 追究事故责任

63. 开挖深度超过（   ）m 的基坑土方开挖工程属危险性较大的分部分项工程范围。

    A. 3
        B. 4
        C. 5
        D. 2

64. 建筑施工现场临时用电工程专用的电源中性点直接接地的 220/380V 三相四线制低压电力系统，必须符合下列规定（   ）。

    A. 采用三级配电系统
          B. 采用 TN－S 接零保护系统

    C. 采用二级漏电保护系统
          D. 以上都是

65. 在《中华人民共和国刑法》中规定，工程监理单位违反国家规定，降低工程质量标准，造成重大安全事故的，对直接责任人员，处（   ）以下有期徒刑或者拘役，并处罚金。

    A. 一年
    B. 三年
    C. 五年
    D. 十年

66. 在《建设工程安全生产管理条例》中规定，注册监理工程师未执行法律、法规和工程建设强制性标准，情节严重的，（　　）。
    A. 终身不予注册
    B. 依照刑法有关规定追究刑事责任
    C. 责令停止执业3个月以上1年以下
    D. 吊销执业资格证书，5年内不予注册

67. 根据《建设工程安全生产管理条例》的规定，工程监理单位未对施工组织设计中的安全技术措施或者专项施工方案进行审查的，责令限期改正；逾期未改正的，责令停业整顿，并处（　　）的罚款；情节严重的，降低资质等级、直至吊销资质证书。
    A. 1万元以上5万元以下
    B. 5万元以上10万元以下
    C. 10万元以上30万元以下
    D. 30万元以上50万元以下

68. 根据《建设工程安全生产管理条例》，注册监理工程师未执行法律、法规和工程建设强制性标准，造成重大安全事故的，（　　）。
    A. 责令停止执业3个月以上1年以下
    B. 吊销执业资格证书，5年内不予注册
    C. 终身不予注册
    D. 对造成的损失依法承担赔偿责任

69. 某工地发生钢筋混凝土预制梁吊装脱落事故，造成6人死亡，直接经济损失900万元，该事故属于（　　）。
    A. 特别重大生产安全事故
    B. 重大生产安全事故
    C. 较大生产安全事故
    D. 一般生产安全事故

70. 根据《建设工程安全生产管理条例》，下列达到一定规模的危险性较大的分部分项工程中，需由施工单位组织专家对专项施工方案进行论证、审查的是（　　）。
    A. 起重吊装工程
    B. 脚手架工程
    C. 高大模板工程
    D. 拆除、爆破工程

71. 下列选项中，重大生产安全事故由（　　）组织事故调查组进行调查。
    A. 县级人民政府
    B. 省级人民政府
    C. 设区的市级人民政府
    D. 国务院或者国务院授权有关部门

72. 根据《生产安全事故报告和调查处理条例》，单位负责人接到事故报告后，应当于（　　）小时内向事故发生地县级以上人民政府安全生产监督管理部门和负有安全生产监督管理职责的有关部门报告。
    A. 1
    B. 2
    C. 8
    D. 24

73. 下列不属于危险性较大的分部分项工程范围的是（　　）。
    A. 开挖深度5m的基坑的土方开挖
    B. 塔设高度8m的混凝土模板支撑工程
    C. 用于钢结构安装等满堂支撑体系，承受单点集中荷载7kN
    D. 塔设高度20m的落地式钢管脚手架工程

74. 下列属于超过一定规模的危险性较大的分部分项工程的是（　　）。
    A. 开挖深度超过3m（含3m）的基（槽）坑的土方开挖、支护、降水工程
    B. 搭设高度5m及以上的混凝土模板支撑工程
    C. 搭设高度50m及以上的落地式钢管脚手架工程

D. 施工总荷载 $10kN/m^2$ 及以上

75. 以下属于超过一定规模需要专家论证的危大工程是（　　）。
   A. 开挖深度超过 3m 的基坑支护工程　　　B. 混凝土模板支撑工程搭设高度 8m
   C. 起重机械安装和拆卸工程　　　　　　　D. 开挖深度超过 3m 的降水工程

二、多项选择题

1. 建筑产品的特征（　　）。
   A. 固定性　　　　　　B. 庞大性　　　　　　C. 多样性　　　　　　D. 综合性
   E. 复杂性

2. 事故处理"四不放过"原则是指（　　）。
   A. 事故原因未查清不放过　　　　　　　　B. 当事人和群众没有受到教育不放过
   C. 事故责任人未受到处理不放过　　　　　D. 没有制定切实可行的预防措施不放过
   E. 没有将危险和安全隐患消灭在萌芽状态不放过

3. 以下关于工程监理单位的几种说法，正确的是（　　）。
   A. 禁止工程监理单位超越本单位资质等级许可的范围承担工程监理业务
   B. 禁止工程监理单位以其他工程监理单位的名义承担工程监理业务
   C. 禁止工程监理单位允许个人以本单位的名义承担工程监理业务
   D. 工程监理单位不得转让工程经理业务
   E. 工程监理单位可以允许其他同资质单位以本单位的名义承担工程监理业务

4. 监理单位受建设单位（业主）的委托，按照（　　）实施监理，对所监理工程的施工安全生产进行监理。
   A. 法律　　　　　　　B. 法规　　　　　　　C. 工程建设强制性标准
   D. 《建设工程监理条例》　　　　　　　　　E. 《建设工程监理规范》

5. 施工安全监理的法律责任包括（　　）几大类。
   A. 经济责任　　　　　B. 民事责任　　　　　C. 行政责任　　　　　D. 刑事责任
   E. 违法责任

6. 《建设工程安全生产管理条例》规定的监理单位的四类违规行为是（　　）。
   A. 未对施工组织设计中的安全技术措施或者专项施工方案进行审查的
   B. 发现安全事故隐患未及时要求施工单位整改或者暂时停止施工的
   C. 施工单位拒不整改或者不停止施工，未及时向有关部门报告的
   D. 未依照法律、法规和工程建设强制性标准实施监理的
   E. 发现施工企业降低安全生产条件或存在安全隐患，未按《建设工程监理规范》有关规定及时下达书面指令要求施工单位进行整改或停止施工的

7. 依据《建设工程安全生产管理条例》规定，针对监理单位未对施工组织设计中的安全技术措施或者专项施工方案进行审查的处罚办法有（　　）。
   A. 责令限期整改

B. 逾期未改正的，责令停业整顿，并处 10 万元以上 30 万元以下的罚款

C. 情节严重的，降低资质等级，直至吊销资质证书；造成重大安全事故，构成犯罪的，对直接责任人员，依照刑法有关规定追究刑事责任

D. 造成损失的，依法承担赔偿责任

E. 情节严重的，降低资质等级，并处 10 万元以上 30 万元以下的罚款

8. 下列中哪些属于安全监理人员的职责？（   ）

A. 编写安全监理方案和安全监理实施细则

B. 审查施工单位的营业执照、企业资质和安全生产许可证

C. 审查施工单位安全生产管理的组织机构，查验安全生产管理人员的安全生产考核合格证书

D. 审核施工组织设计中的安全技术措施和专项施工方案

E. 查验特种作业人员的上岗资格证书

9. 施工准备阶段安全监理工作程序中，组织项目监理机构之后，接下来工作还有（   ）。

A. 确定项目安全监理目标

B. 识别评价项目施工的危险源和重大危险源

C. 编制项目安全监理规划及其细则

D. 督促建立健全施工现场安全保证体系

E. 审查施工组织设计中的安全技术措施和专项方案

10. 按照规定，依法承担建设工程安全生产责任的参建单位是（   ）。

A. 建设单位　　　　B. 勘察设计单位　　C. 施工单位　　　　D. 监理单位

E. 检测单位

11. 报告事故应当包括（   ）。

A. 事故发生单位概况　　　　　　　　B. 事故发生的时间、地点以及事故现场情况

C. 事故的简要经过　　　　　　　　　D. 已经采取的措施

E. 对责任人的处理

12. 根据《建设工程安全生产管理条例》，发生生产安全事故后（   ）。

A. 马上报警　　　　　　　　　　　　B. 施工单位应当采取措施防止事故扩大

C. 需要移动现场物品时，应当作出标记和书面记录，妥善保管有关证物

D. 保护事故现场　　　　　　　　　　E. 局部恢复施工

13. 危险性较大的分部分项工程专项施工方案，须经（   ）后方可实施。

A. 项目经理签认　　　　　　　　　　B. 项目技术负责人签认

C. 施工单位技术负责人签认　　　　　D. 项目总监签认

E. 施工单位盖章

14. 超过一定规模的危险性较大的分部分项工程专项方案须经（   ）签字后，方可组织实施。

A. 建设单位负责人　　　　　　　　　B. 项目总监

C. 施工单位技术负责人　　　　　　　D. 施工单位项目经理

E. 监理单位技术负责人

15. 施工起重机械和整体提升脚手架、模板等自升式架设设施安装完毕后（ 　　 ）。

 A. 安装单位应出具自检合格证明

 B. 安装单位应向施工单位进行安全说明

 C. 安装单位应向建设单位进行安全说明

 D. 安装单位应该办理验收手续并签字

 E. 安装单位应组织联合验收

16. 根据《建设工程安全生产管理条例》，下列（ 　　 ）达到一定规模的危险性较大的分部分项工程编制专项施工方案，并附具安全验算结果，经施工单位技术负责人、总监理工程师签字后实施，由专职安全生产管理人员进行现场监督。

 A. 基坑支护与降水工程 　　 　　 B. 土方开挖工程

 C. 模板工程 　　 　　 D. 混凝土工程

 E. 起重吊装工程

17. 工程监理单位在实施监理过程中，发现安全事故隐患，其能够采取的措施有（ 　　 ）。

 A. 要求施工单位整改 　　 　　 B. 要求施工单位暂时停工

 C. 要求施工单位停业整顿 　　 　　 D. 向有关主管部门报告

 E. 向建设单位报告

18. 《建设工程安全生产管理条例》规定，施工单位当在施工组织设计中编制安全技术措施和施工现场临时用电方案，对模板工程等达到一定规模的危险性较大的分部分项工程编制专项施工方案，并附具安全验算结果。经（ 　　 ）签字后实施。

 A. 专职安全生产监理人员 　　 　　 B. 施工单位技术负责人

 C. 总监理工程师 　　 　　 D. 监理工程师

 E. 建设单位项目负责人

19. 高大模板工程，是指（ 　　 ）的模板支撑系统。

 A. 模板支撑系统高度超过 8m 　　 　　 B. 跨度超过 21m

 C. 施工总荷载大于 $10kN/m^2$ 　　 　　 D. 集中线荷载大于 $15kN/m^2$

 E. 集中线荷载大于 $10kN/m^2$

20. 依据《建设工程安全生产管理条例》规定，应当组织专家进行论证、审查的工程包括（ 　　 ）。

 A. 深基坑 　　 　　 B. 地下暗挖工程

 C. 高大模板工程 　　 　　 D. 临时用电施工方案

 E. 预应力结构张拉施工方案

21. 属于施工阶段安全监理主要工作内容的有（ 　　 ）。

 A. 督促施工单位进行安全自查工作

 B. 核查整体提升脚手架验收手续

 C. 季节性施工方案的制订是否符合强制性标准要求

 D. 审核特种作业人员的特种作业操作资格证书是否合法有效

E. 参加建设单位组织的安全生产专项检查

22. 高处作业吊篮在使用前必须经过（　　）等单位的验收，未经验收或验收不合格的吊篮不得使用。
    A. 施工单位　　　　　　　　　　B. 安装单位
    C. 监理单位　　　　　　　　　　D. 检测单位
    E. 出租单位

23. 监理应对塔吊施工安装过程的（　　）实施巡查旁站。
    A. 安装　　　　　　　　　　　　B. 拆除
    C. 加节　　　　　　　　　　　　D. 升降
    E. 基础施工

24. 下列哪些工程属于危险性较大的分部分项工程？（　　）
    A. 土方工程开挖深度超过 3m 的基坑
    B. 混凝土模板支撑工程搭设高度 3m 以上
    C. 脚手架工程为搭设高度 24m 以上的落地式钢管脚手架
    D. 吊篮脚手架工程
    E. 开挖深度虽未超过 2.5m，但地质条件、周围环境和地下管线复杂的工程

25. 下列哪些工程属于危险性较大的分部分项工程？（　　）
    A. 人工挖孔桩工程　　　　　　　B. 预应力工程
    C. 建筑物、构筑物拆除工程　　　D. 悬挑式脚手架工程
    E. 混凝土工程

26. 下列工程属于超一定规模的危险性较大的分部分项工程？（　　）
    A. 建筑幕墙安装工程　　　　　　B. 悬挑式脚手架工程
    C. 顶管工程　　　　　　　　　　D. 地下暗挖工程
    E. 地质条件、周围环境和地下管线复杂，或影响毗邻建（构）筑物安全的基坑（槽）的土方开挖、支护、降水工程

27. 施工现场"四口"指的是哪些？（　　）
    A. 楼梯口　　　　　　　　　　　B. 电梯井口
    C. 预留洞口　　　　　　　　　　D. 通道口
    E. 过人洞口

28. 下列（　　）属于现场"五临边"范围。
    A. 深度超过 2m 的坑　　　　　　B. 在施工工程无外脚手架的屋面
    C. 上下跑道两侧边　　　　　　　D. 电梯井口
    E. 斜侧道两侧边

29. 《建设工程安全生产管理条例》规定，施工单位（　　）应当经建设行政主管部门或者其他有关部门考核合格后方可任职。
    A. 项目技术负责人　　　　　　　B. 项目负责人

C. 专职安全生产管理人员　　　　　　　D. 技术负责人

E. 主要负责人

30. 建筑起重机械安装完毕后，使用单位应当组织（　　）等有关单位组织验收，或者委托具有相应资质的检验检测机构进行验收，经验收后方可投入使用。

A. 建设单位　　　　　　　　　　　　B. 出租单位

C. 安装单位　　　　　　　　　　　　D. 检验检测机构

E. 监理单位

31. 通过一定规模的危险性较大的分部分项工程专项施工方案，应当由施工单位组织召开专家论证会，下列人员应当参加的是（　　）。

A. 专家组成员　　　　　　　　　　　B. 建设单位项目负责人或技术负责人

C. 总监理工程师　　　　　　　　　　D. 施工单位技术负责人

E. 质检站负责人

32. 建设项目安全设施必须与主体工程（　　）。

A. 同时投资　　　　　　　　　　　　B. 同时设计

C. 同时安装　　　　　　　　　　　　D. 同时施工

E. 同时投入生产和使用

33. 在中华人民共和国境内从事建设工程的（　　）等有关活动及实施对建设工程安全生产的监督管理，必须遵守《建设工程安全生产管理条例》。

A. 新建　　　　　　　　　　　　　　B. 扩建

C. 改建　　　　　　　　　　　　　　D. 拆除

E. 装修

34. 施工单位应当对达到一定规模的危险性较大的分部分项工程编制专项施工方案，并附具安全验算结果，经（　　）签字后实施，由专职安全生产管理人员进行现场监督。

A. 施工单位技术负责人　　　　　　　B. 总监理工程师

C. 项目经理　　　　　　　　　　　　D. 项目技术负责人

E. 施工单位专职安全管理人员

35. 工程监理单位在实施监理过程中，发现存在安全事故隐患的（　　）。

A. 应当要求施工单位整改

B. 情况严重的，应当要求施工单位暂时停止施工，并及时报告建设单位

C. 施工单位拒不整改或者不停止施工的，工程监理单位应当及时向有关主管部门报告

D. 给予施工单位相应的经济处罚

E. 情况严重的，可以越级向当地公安部门报告

36. 工程开工前，监理单位应认真审查施工单位（　　）是否合法有效。

A. 施工合同　　　　　　　　　　　　B. 安全生产许可证

C. 营业执照　　　　　　　　　　　　D. 施工资质

E. 生产许可证

37. 根据《建设工程安全生产管理条例》，工程监理单位对施工组织设计中的相关内容进行审查，以确定其是否符合工程建设强制性标准，其审查内容包括（   ）。
A. 施工总平面布置图 B. 安全技术措施
C. 专项施工方案 D. 临时用电方案
E. 施工总进度计划

38. 根据《建设工程安全生产管理条例》，下列选项中，属于施工单位项目负责人的安全职责有（   ）。
A. 应当制定安全生产规章制度 B. 落实安全生产责任制
C. 确保安全生产费用的有效使用 D. 保证安全生产条件所需资金的投入
E. 及时、如实报告生产安全事故

39. 根据《生产安全事故报告和调查处理条例》，下列选项中，属于事故调查报告内容的有（   ）。
A. 事故发生单位概况 B. 事故发生经过和事故救援情况
C. 事故调查结论 D. 事故发生的原因和事故性质
E. 事故造成的人员伤亡和直接经济损失

40. 下列选项中，关于建设施工企业的安全生产管理说法正确的有（   ）。
A. 分包单位向总承包单位负责，服从总承包单位对施工现场的安全生产管理
B. 房屋拆除应当由具备保证安全条件的建筑施工单位承担，由建筑施工单位负责人对安全负责
C. 建筑施工企业应当依法为职工参加工伤保险缴纳工伤保险费
D. 未经安全生产教育培训的人员，不得上岗作业
E. 涉及建筑主体和承重结构变动的装修工程，建设单位应当在施工前必须委托原设计单位提出设计方案

41. 根据《建设工程安全生产管理条例》规定，施工单位还应当组织专家进行论证、审查的专项施工方案有（   ）。
A. 深基坑 B. 起重吊装工程
C. 地下暗挖工程 D. 高大模板工程
E. 拆除、爆破工程

42. 下列选项中，关于施工单位的安全责任的说法正确的有（   ）。
A. 施工单位主要负责人依法对本单位的安全生产工作全面负责
B. 鼓励施工单位为施工现场从事危险作业的人员办理意外伤害保险
C. 施工单位不得在尚未竣工的建筑物内设置员工集体宿舍
D. 施工单位应当在施工组织设计中编制安全技术措施和施工现场临时用电方案
E. 施工单位应当建立健全安全生产教育培训制度，应当对管理人员和作业人员每年至少进行两次安全生产教育培训

43. 生产经营单位的安全生产管理机构及安全生产管理人员应履行的职责有（   ）。
A. 参与拟定本单位安全生产规章制度和操作规程

B. 督促落实本单位重大危险源的安全管理措施

C. 组织制定并实施本单位的生产安全事故应急救援预案

D. 制止和纠正违章指挥、强令冒险作业、违反操作规程的行为

E. 督促落实本单位安全生产整改措施

44. 根据《建设工程安全生产管理条例》，施工单位的安全责任包括（　　）。

A. 设置安全生产管理机构

B. 施工单位负责人对工程项目的安全施工负责

C. 配备专职安全生产管理人员

D. 施工单位项目负责人在施工前应向作业人员作出安全施工说明

E. 及时、如实报告生产安全事故

45. 根据《建设工程安全生产管理条例》，建设工程施工前，施工单位负责项目管理的技术人员应当对有关安全施工的技术要求向（　　）作出详细说明。

A. 监理工程师　　　　　　　　　B. 施工作业班组

C. 施工作业人员　　　　　　　　D. 现场安全员

E. 现场技术员

46. 下列生产安全事故情形中，属于《安全生产事故报告和调查处理条例》规定的重大事故的有（　　）。

A. 死亡 30 人　　　　　　　　　B. 重伤 80 人

C. 直接经济损失 5000 万元　　　　D. 死亡 20 人

E. 直接经济损失 8000 万元

47. 根据《生产安全事故报告和调查处理条例》，事故调查组应履行的职责有（　　）。

A. 认定事故的性质和事故责任　　　B. 提出对事故责任者的处理建议

C. 查明事故单位已经采取的措施　　　D. 提交事故调查报告

E. 总结事故教训，提出防范和整改措施

48. 超过一定规模的危险性较大的分部分项工程范围包括（　　）。

A. 跨度 36m 及以上的钢结构安装工程

B. 跨度 60m 及以上的网架和索膜结构安装工程

C. 开挖深度 16m 及以上的人工挖孔桩工程

D. 水下作业工程

E. 开挖深度超过 3m（含 3m）的基坑（槽）的土方开挖、支护、降水工程

49. 安全技术交底应有书面材料，有（　　）。

A. 双方签字　　　　　　　　　　B. 交底日期

C. 安全员签字和交底日期　　　　　D. 班组长签字

第7章 建设工程项目合同管理与风险管理

一、单项选择题

1. 因非监理人原因而暂停或终止监理业务,其善后工作及恢复监理业务的工作称为工程监理的( )。
   A. 额外工作   B. 附加工作   C. 正常工作   D. 其他工作

2. 由于当事人疏忽,合同的部分履行费用负担约定不明确,事后又未能达成补充协议,则该部分费用应由( )。
   A. 权利人承担   B. 履行义务人承担   C. 双方平均分担
   D. 权利人承担主要费用,义务人负担连带责任

3. FIDIC 合同条件下,"索赔、争端和仲裁"这一条目属于( )。
   A. 专用条款   B. 协议书   C. 通用条款   D. 合同清单

4. 按照诉讼的地域管辖规定,建设工程合同纠纷应由( )的人民法院管辖。
   A. 工程所在地   B. 被告住所地   C. 原告住所地   D. 合同签字地

5. 施工合同的合同工期是判定承包人提前或延误竣工的标准。订立合同时约定的合同工期应从( )的日历天数计算。
   A. 合同签字日起按投标文件中承诺
   B. 合同签字日起按招标文件中要求
   C. 合同约定的开工日起按投标文件中承诺
   D. 合同约定的开工日起按招标文件中要求

6. 某工程项目施工中,发包人供应的材料经过承包人检验通过后用于工程。后来发现部分工程存在缺陷,原因属于材料质量问题,该部分工程需拆除重建,则( )。
   A. 承包人承担返工费用,工期不予顺延
   B. 承包人承担返工费用,工期给予顺延
   C. 发包人承担追加合同价款,工期不予顺延
   D. 发包人承担追加合同价款,工期给予顺延

7. 按照 FIDIC《施工合同条件》规定,在( )后,业主应将保留金全部返还给承包商。
   A. 颁发工程接收证书   B. 颁发履约证书
   C. 签发最终支付证书   D. 承包商提交结清单

8. 监理合同的有效期是指( )。
   A. 监理合同中书面约定的履行期间

B. 从签订监理合同起，至工程竣工移交及监理人获得报酬尾款止

C. 监理人完成正常工作和附加工作时间之和

D. 监理人完成正常工作、附加工作及额外工作时间之和

9. 按《中华人民共和国民法典》的规定，合同生效后，当事人就价款或者报酬没有约定的，确定价款或报酬时应按（　　）的顺序履行。

A. 订立合同时履行地的市场价格、合同有关条款、补充协议

B. 合同有关条款、补充协议、订立合同时履行地的市场价格

C. 补充协议、合同有关条款、订立合同时履行地的市场价格

D. 补充协议、订立合同时履行地的市场价格、合同有关条款

10. 在建设工程施工合同法律关系中，法律关系的客体是（　　）。

A. 建筑物　　　　　B. 施工工程技术　　C. 施工工程款　　　D. 工程施工行为

11. 在监理合同履行过程中，委托人提供一部汽车供监理人使用。监理工作完成后，该部汽车应（　　）。

A. 归还委托人，监理人支付折旧等费用

B. 按使用前的原值付款后归监理人

C. 归还委托人，监理人无须支付费用

D. 无偿归监理人所有

12. 按照施工合同示范文本规定，"发包人供应材料设备一览表"应当列在（　　）中。

A. 协议书　　　　　B. 通用条款　　　　C. 专用条款　　　D. 技术文件

13. 为了保证工程质量，《建设工程施工合同（示范文本）》规定（　　）的最低质量保修期限为 5 年。

A. 地基基础工程　　B. 防水工程　　　　C. 给水管道工程　D. 设备安装工程

14. 应由建设单位承担责任的索赔事件，分包商向（　　）提出索赔要求后，承包商应首先分析事件的起因和影响，并依据两个合同判明责任。

A. 建设单位　　　　B. 承包商　　　　　C. 工程师　　　　D. 工程师代表

15. 依据《建设工程委托监理合同（示范文本）》，当委托人严重拖欠监理酬金而又未提出任何书面解释时，监理人可（　　）。

A. 发出终止合同通知，通知发出 4 天后合同即行终止

B. 发出终止合同通知，通知发出 4 天内未得到答复，可进一步发出终止合同通知，第二个通知到达即行终止

C. 发出终止合同通知，通知发出 4 天内未得到答复，可在第一个通知发出 35 天内终止

D. 发出终止合同通知，通知发出 4 天内未得到答复，可进一步发出终止合同通知，第二个通知发出 42 天仍未得到答复可终止合同

16. 某施工合同履行时，因施工现场尚不具备开工条件，已进场的承包人不能按约定日期开工，则发包人（　　）。

A. 应赔偿承包人的损失，相应顺延工期

B. 应赔偿承包人的损失，但工期不予顺延

C. 不赔偿承包人的损失，但相应顺延工期

D. 不赔偿承包人的损失，工期不予顺延

17. 设计合同履行过程中，属于设计人责任的是（　　）。

A. 组织对设计文件的审查、鉴定和验收

B. 办理设计文件的报批手续

C. 选定设计文件依据的设计规范

D. 为现场的设计人提供必要的工作条件

18. 在法律和当事人双方对合同形式、程序均没有特殊要求时，则合同成立的时间为（　　）日。

A. 要约生效

B. 承诺生效

C. 附生效条件的合同条件具备

D. 附生效期限的合同期限截止

19. 某工程使用 FIDIC 施工合同条件订立合同，约定竣工日为 10 月 20 日。业主在 10 月 10 日提前占用工程，工程师于 10 月 13 日颁发了接收证书，承包商于 10 月 30 日完成了竣工检验，则该工程的竣工日为（　　）。

A. 10 月 10 日　　　　B. 10 月 13 日　　　　C. 10 月 20 日　　　　D. 10 月 30 日

20. 关于监理人合同管理地位和职责的说法，正确的是（　　）。

A. 在合同规定的权限范围内，监理人可独立处理变更估价、索赔等事项

B. 监理人向承包人发出的指示，承包人征得发包人批准后执行

C. 发包人可不通过监理人直接向承包人发出工程实施指令

D. 监理人的指示错误给承包人造成损失，由发包人和监理人承担连带责任

21. 当工程师根据规定，对承包商同时给予费用补偿和工期展延时，（　　）。

A. 工程师的决定为最终决定

B. 业主有权决定只进行费用补偿

C. 由工程师与业主协商一致

D. 业主不得变更工程师已下达的决定

22. 工程师确定批准索赔额时，应遵守（　　）。

A. 工程师只能在其权限范围内行使工期顺延批准权

B. 工程师在其权限范围内确定索赔额后，还应报请业主批准

C. 工程师确定的批准索赔额超过其权限时，必须报请业主批准

D. 工程师超过其权限批准的索赔额时，应报请业主批准

23. 某工程合同金额为 500 万元，合同规定工期每延误一天罚款 5000 元，最高罚款限额为 50 万元。有价值 300 万元的工程在合同规定完工日期后的 120 天达到竣工要求通过了竣工试验，则承包商应向业主支付拖期罚款（　　）万元。

A. 36　　　　　　B. 18　　　　　　C. 50　　　　　　D. 60

24. 在工期索赔中，对于持续影响时间超过 28 天以上的延误事件，工程师最终批准的总展延工期天数，（　　）。

A. 必须等于以前各阶段已同意展延天数之和

B. 是承包商每隔 28 天报送的阶段天数之和

C. 不应少于以前各阶段，已由工程师同意展延天数之和

D. 工程师有全部权限处理工期展延

25. 某跨国工程项目固定总价合同的报价单上显示某一型号的钢材为当地产品，500 美元/吨，共 200 吨。施工中由于质量原因工程师拒绝使用该种钢材，承包商又购入价格为 550 美元/吨的钢材用于工程，并提出 11 万美元费用索赔要求。监理工程师应当（　　）。

A. 核准支付承包商 1 万美元　　　　　B. 核准支付承包商 10 万美元

C. 核准支付承包商 11 万美元　　　　D. 由于是固定总价合同，否决该索赔要求

26. 工程师审查承包商索赔报告成立的条件是（　　）。

A. 事件已造成承包商施工成本的额外支出

B. 事件已造成承包商直接工期损失

C. 按照合同对照已造成承包商施工成本的额外支出或直接工期损失

D. 依据证据已造成承包商施工成本的额外支出，或直接工期损失

27. 《建筑工程施工合同条件》中明确规定：在索赔事件发生（　　）天内提出通知要求，工程师应当受理。

A. 20　　　　　B. 28　　　　　C. 10　　　　　D. 14

28. 某材料采购合同中，双方约定的违约金是 15 万元，由于供货方违约不能交货，采购方为避免停工待料，不得不以较高价格紧急采购，为此多付价款 30 万元（无其他损失），若停工待料采购方的损失为 75 万元。供货方应支付的违约金应为（　　）万元。

A. 15　　　　　B. 30　　　　　C. 45　　　　　D. 75

29. 当事人以土地使用权抵押的，抵押合同自（　　）之日起生效。

A. 签订　　　　　B. 登记　　　　　C. 履行　　　　　D. 主合同生效

30. 以下材料中，（　　）不能作为承包商向业主索赔的证据。

A. 监理工程师的施工建议　　　　　B. 现场施工记录

C. 工程变更指令　　　　　D. 施工组织计划

31. 工程复杂，工程技术、结构方案难以预先确定的项目，适用的合同计价方式是（　　）。

A. 可变单价合同　　　　　B. 可调总价合同

C. 成本加可变酬金合同　　　　　D. 固定单价合同

32. 关于使用标准合同示范文本的作用（九部委标准文本系列）说法错误的是（　　）。

A. 有助于提高交易效率，降低合同价格

B. 有助于降低交易成本，提高交易效率

C. 降低合同条款协商和谈判缔约工作的复杂性

D. 有利于当事人了解并遵守有关法律法规

33. 《施工合同（示范文本）》规定，合同变更价款不应（　　）。

A. 低于中标人报价单的竞争性水平

B. 按合同已有的价格变更合同价款

C. 参照类似的价格变更合同价款

D. 由承包人提出适当变更价格，经工程师确认后执行

34. 合同可变更、撤销的前提是（　　　）。

A. 损害国家利益　　　B. 违反法规　　　　C. 当事人提出请求　　D. 当事人一方违约

35. 由于异常恶劣的气候条件造成的停工是（　　　）。

A. 不可原谅延期不给补偿费用　　　　　　B. 不可原谅延期但给补偿费用

C. 可原谅延期且给补偿费用　　　　　　　D. 可原谅延期但不给补偿费用

36. 以下合同计价模式下（　　　）方式中承包商所承担的风险最小。

A. 固定单价合同　　　B. 可变单价合同　　C. 固定总价合同　　D. 成本加酬金合同

37. 合同交底的实施形式中需要签署确认书的是（　　　）。

A. 书面交底　　　　　B. 电子数据交底　　C. 视听资料交底　　D. 口头交底

38. 索赔证据必须是事件发生时的（　　　）。

A. 书面文件　　　　　B. 口头承诺　　　　C. 口头协议　　　　　D. 监理口头指示

39. 施工索赔是指当事人在实施合同中，因（　　　）向对方提出给予补偿或赔偿的权利要求。

A. 由于第三大的过错　　　　　　　　　　B. 对方必定有过错

C. 虽未发生损失，但对方有过错　　　　　D. 发生了损失，且由对方承担责任

40. 在索赔事件发生后的 28 天内，承包商必须向监理工程师提出书面的（　　　），否则就丧失了索赔权利。

A. 索赔事实　　　　　B. 索赔意向通知　　C. 索赔依据　　　　　D. 索赔报告

41. 根据施工索赔的规定，可以认为索赔是指（　　　）。

A. 只限承包商向业主索赔　　　　　　　　B. 业主无权向承包商索赔

C. 业主与承包商之间的双向索赔　　　　　D. 不包括承包商与分包商之间的索赔

42. 关于施工索赔，（　　　）是不正确的。

A. 合同双方均可索赔　　　　　　　　　　B. 索赔必须有充分的证据

C. 索赔指的仅是费用补偿　　　　　　　　D. 索赔必须遵循严格的程序

43. 施工中的费用索赔出现的原因是（　　　）。

A. 只限定事件引起的补偿

B. 只限定因当事人违约而提出的赔偿

C. 非自身的原因，而实际造成了实际损失，应由对方承担责任的补偿或赔偿

D. 不包括因第三者过错造成的损失的补偿或赔偿

44. 当监理工程师与承包商就索赔问题经过谈判不能达成一致意见时，应（　　　）。

A. 由监理工程师单方面决定一个他认为合理的单价或价格

B. 由业主自行决定索赔的处理意见

C. 由业主协调监理工程师与承包商的意见，形成一个都能接受的结果

D. 提请仲裁机关处理

45. 承包商向业主提出索赔要求时，发出的索赔意向通知（   ）。

   A. 即正式的索赔报告　　　　　　　　B. 即非正式的索赔报告

   C. 是指口头形式的意向通知　　　　　D. 并非是要求保留索赔的权利

46. 工程师有权处理的索赔是（   ）。

   A. 承包商依据合同条款提出的索赔

   B. 承包商依据其他法律文书提出的索赔

   C. 承包商提出的道义索赔

   D. 承包商无合法理由延误竣工对业主的违约赔偿

47. 下列哪个可作为索赔的有效证据？（   ）

   A. 业主和承包商签署的合同变更协议　　B. 业主的口头要求

   C. 业主的合理建议　　　　　　　　　　D. 承包商的合理建议

48. （   ）不能作为索赔的证据。

   A. 各种会议纪要　　　　　　　　　　B. 双方的往来信件

   C. 口头形式的承诺　　　　　　　　　D. 投标文件

49. 业主指定的分包商，在施工中受到非自己应承担责任原因事件的干扰而受到损害时，
   他应向（   ）提交索赔报告。

   A. 业主　　　　　B. 总包商　　　　　C. 工程师　　　　　D. 其他分包商

50. 工程索赔中，不论是工程师通过与承包商谈判达成的协议，还是工程师单方面的决
   定，计算的索赔款额和展延天数是在授予监理工程师的权限范围内，工程师即可
   （   ），如果超过批准权限，则应报请业主批准。

   A. 支付索赔款　　　　　　　　　　　B. 将此结果通知承包人

   C. 提前终止合同　　　　　　　　　　D. 决定工期延长

51. 施工合同范本规定，承包人向工程师提交的索赔报告工程师在收到后的 28 天内未作出
   任何答复，则该索赔应认为（   ）。

   A. 已经批准　　　　　　　　　　　　B. 不批准

   C. 尚待批准　　　　　　　　　　　　D. 承包商还需进一步报送证明材料

52. 现场施工过程中，因甲承包商的分包商施工延误，导致乙承包商不能按批准的进度计
   划施工，对此损害事件，乙承起商应向（   ）递送索赔文件。

   A. 业主　　　　　B. 工程师　　　　　C. 甲承包商　　　　D. 甲承包商的分包

53. 由于承包商的原因导致监理单位延长了监理效劳的时间，此工作内容应属于（   ）。

   A. 正常工作　　　B. 附加工作　　　　C. 额外工作　　　　D. 意外工作

54. 在采用格式条款的合同中，提供格式条款一方对可能造成人身伤害而免除其责任的条

款（　　）。

    A. 有效　　　　　　B. 无效　　　　　　C. 经公证后有效　　D. 被回绝后无效

55. 在合同的订立中，当事人一方向另一方提出订立合同的要求和合同的主要条款，并限定其在一定期限内作出答复，这种行为是（　　）。

    A. 谈判　　　　　　B. 要约邀请　　　　　C. 要约　　　　　　D. 承诺

56. 要约人在要约发生效力之前，而取消要约的意思表示是（　　）。

    A. 新要约　　　　　B. 要约撤回　　　　　C. 再要约　　　　　D. 要约撤销

57. 违反经济合同的当事人支付了违约金和赔偿金后，对方仍要求继续履行合同时，违约方（　　）。

    A. 应在对方同意变更合同约定的违约责任条款后再继续履行合同

    B. 在继续履行过程中可更换标的

    C. 必须按合同条款继续履行合同

    D. 可回绝继续履行合同

58. 下列合同文件中，列入《标准施工招标文件》中施工合同文本中的合同附件格式的是（　　）。

    A. 协议书、投标保函、履约保函

    B. 投标保函、履约保函、预付款保函

    C. 协议书、预付款保函、履约保函

    D. 工程量清单、材料设备一览表、工程预付款明细单

59. 下列合同文件中属于《标准施工招标文件》中施工合同组成文件中需要发包人和承包人同时签字盖章的文件是（　　）。

    A. 专用条款　　　　B. 通用条款　　　　C. 中标通知书　　　D. 合同协议书

60. 根据《标准施工合同》，履约担保的期限自发包人和承包人订立合同之日起至（　　）之日止。

    A. 工程竣工验收　　　　　　　　　　B. 工程缺陷责任期满

    C. 签发工程移交证书　　　　　　　　D. 签发最终结清证书

61. 根据《标准施工合同》，工程预付款担保采用的形式是（　　）。

    A. 第三方保证　　　　　　　　　　　B. 动产质押

    C. 既有建筑物抵押　　　　　　　　　D. 银行保函

62. 根据《标准施工合同》，合同附件格式包括（　　）。

    A. 项目经理任命书　　　　　　　　　B. 合同协议书

    C. 工程设备表　　　　　　　　　　　D. 建筑材料表

63. 根据《标准施工合同》，关于预付款担保方式及生效的说法，正确的是（　　）。

    A. 采用无条件担保方式，并自预付款支付给承包人起生效

    B. 采用有条件担保方式，并自预付款支付给承包人起生效

    C. 采用无条件担保方式，并自合同协议书签订之日起生效

D. 采用有条件担保方式，并自合同协议书签订之日起生效

64. 根据《标准施工合同》，关于监理人指示的说法，错误的是（　　　）。
A. 发布指示前与当事人双方协商，尽量达成一致
B. 监理人的指示无权免除合同约定的承包人义务
C. 监理人的指示无权变更合同约定的承包人权力
D. 监理人的指示有权变更合同约定的发包人义务

65. 下列合同文件中，属于《标准施工招标文件》中施工合同文本的合同文件，在专用条款没有另行约定的情况下，其正确的解释次序是（　　　）。
A. 中标通知书、专用合同条款、通用合同条款、合同协议书
B. 合同协议书、通用合同条款、专用合同条款、中标通知书
C. 合同协议书、中标通知书、专用合同条款、通用合同条款
D. 中标通知书、合同协议书、专用合同条款、通用合同条款

66. 根据《标准施工招标文件》的施工合同文本通用合同条款，"不利气候条件"对施工的影响应当属于（　　　）承担的风险。
A. 发包人
B. 承包人
C. 发包人和承包人共同
D. 由专用条款约定的一方

67. 根据《标准施工招标文件》的施工合同文本通用合同条款，如果一个建设工程项目的施工采用平行发包的方式分别交由多个承包人施工，为防止重复投保或漏保，双方可在专用条款中约定由（　　　）投保为宜。
A. 发包人
B. 其中一个承包人
C. 多个承包人
D. 组成联合体

68. 根据《标准施工合同》通用条款，建筑工程一切险应由（　　　）负责投保，并承担保险费用。
A. 发包人
B. 承包人
C. 发包人和承包人
D. 监理人

69. 根据《标准施工合同》，工程保险可以采用不足额投保方式，即工程受到保险事件损害时，保险公司赔偿损失后的不足部分，按合同约定由（　　　）责任补偿。
A. 发包人
B. 承包人
C. 事件的风险责任人
D. 监理人

70. 施工合同履行期间市场价格浮动对施工成本造成影响时，是否允许调整合同价格要视（　　　）来决定。
A. 合同工期长短
B. 材料价格浮动幅度
C. 合同计价方式
D. 劳动力价格浮动幅度

71. 根据《标准施工合同》，承包人需要变动保险合同条款时，正确的处理方式是（　　　）。
A. 直接与保险人协商一致后，通知发包人
B. 直接与保险人协商一致后，通过监理人
C. 应事先征得发包人同意，并通知监理人
D. 应事先征得监理人同意，并通知发包人

72. 根据《标准施工合同》，工程一切险的被保险人应是（ ）。

　　A. 发包人和监理人　　　　　　　　B. 承包人和监理人

　　C. 发包人和承包人　　　　　　　　D. 承包人和分包人

73. 在任何情况下，建筑工程一切险保险人承担损害赔偿义务的期限不超过（ ）。

　　A. 保险单列明的建筑期保险终止日　　B. 工程所有人对全部工程验收合格之日

　　C. 工程所有人实际占用全部工程之日　D. 工程所有人使用全部工程之日

74. 定金是当事人双方为了保证债务的履行，按照合同规定向对方预先给付一定数额的货币，定金的数额由当事人约定，但是不得超过主合同标的额的（ ）。

　　A. 30%　　　　　　B. 25%　　　　　　C. 20%　　　　　　D. 10%

75. 下列说法正确的有（ ）。

　　A. 已注册的监理工程师才有资格以个人名义承接工程建设监理义务

　　B. 国家行政机关现职工作人员不得申请监理工程师注册

　　C.《监理工程师岗位证书》终身有效

　　D.《监理工程师执业资格证书》终身有效

76. 在施工中由于（ ）原因导致工期延误，承包人应当承担违约责任。

　　A. 不可抗力　　　　　　　　　　　B. 承包人的设备损坏

　　C. 设计变更　　　　　　　　　　　D. 工程量变化

77. 从合同理论上来说，建设工程合同是广义的（ ）合同的一种。

　　A. 委托　　　　　　B. 技术　　　　　　C. 承揽　　　　　　D. 保管

78. 在进行建设项目总承包时，总包单位与施工单位之间是经济合同关系，具体来说（ ）。

　　A. 总包单位是甲方，相当于业主身份

　　B. 总包单位是甲方，相当于业主代理商身份

　　C. 施工单位是乙方，相当于业主代理商身份

　　D. 总包单位与施工单位都是乙方，总包单位相当于总承包商，施工单位相当于分包商

79. 可撤销的建设工程施工合同，当事人应当请求（ ）撤销。

　　A. 建设行政主管部门　　　　　　　B. 人民法院

　　C. 监理单位　　　　　　　　　　　D. 设计单位

80. （ ）是合同当事人双方权利义务共同指向的对象，即合同法律关系的客体。

　　A. 标的　　　　　　B. 货物　　　　　　C. 质量　　　　　　D. 数量

81. 将施工索赔分为合同中明示的索赔和合同中默示的索赔，是按照（ ）进行的分类。

　　A. 合同目的　　　　　　　　　　　B. 索赔起因

　　C. 索赔的合同依据　　　　　　　　D. 索赔事件的性质

82. 某建筑工程，业主投保了建筑工程一切险。工程竣工移交后，在合同约定保险期限内发生地震，造成部分建筑物损坏，业主向保险公司提出索赔。则应由（ ）。

A. 保险公司承担全部损失　　　　　B. 保险公司承担除外责任以外的全部损失

C. 业主自行承担全部损失　　　　　D. 业主和保险公司协商分担损失

83. 依据《中华人民共和国民法典》的规定，合同形式中不属于书面合同形式的是（　　）。

    A. 传真　　　　　B. 登记　　　　　C. 电子邮件　　　　　D. 信件

84. 经发包人同意后，承包人可以将部分工程的施工分包给分包人完成。该条款所依据的法律基础是《中华人民共和国民法典》中有关（　　）的规定。

    A. 债权转让　　　　　　　　　　B. 债务承担

    C. 由第三人向债权人履行债务　　D. 债务人向第三人履行债务

85. 合同生效后，当事人发现部分工程的费用负担约定不明确，首先应当（　　）确定费用负担的责任。

    A. 按交易习惯　　　　　　　　　B. 依据合同的相关条款

    C. 签订补充协议　　　　　　　　D. 按履行义务一方承担的原则

86. 将建设工程合同按承发包的工程范围划分，分类不正确的是（　　）。

    A. 建筑工程总承包合同　　　　　B. 建筑工程设计合同

    C. 建筑工程承包合同　　　　　　D. 建筑工程分包合同

87. 将建筑工程合同按付款方式不同进行划分，分类不正确的是（　　）。

    A. 总价合同　　　B. 单价合同　　　C. 成本合同　　　D. 成本加酬金合同

88. （　　）适用范围比较宽，其风险可以得到合理的分摊，能鼓励承包商提高工效，节约成本。

    A. 总价合同　　　B. 单价合同　　　C. 成本加酬金合同　　D. 计量估价合同

89. 建设工程监理的基本程序宜按（　　）实施。

    A. 编制建设工程监理大纲、监理规划、监理细则，开展监理工作

    B. 编制监理规划，成立项目监理机构，编制监理细则，开展监理工作

    C. 监理规划，成立项目监理机构，开展监理工作，参加工程竣工验收

    D. 成立项目监理机构，编制监理规划，开展监理工作，向业主提交工程监理档案资料

90. 建设工程勘察合同（二）范本委托工作内容仅涉及岩土工程，它包括（　　）。

    A. 取得岩土工程的勘察资料　　　B. 水文地质勘察

    C. 工程测量　　　　　　　　　　D. 工程物探

91. 下列各项中，不属于保证合同的内容的有（　　）。

    A. 被保证的主债权种类、数额　　B. 债务人履行债务的期限

    C. 保证的方式　　　　　　　　　D. 债权人认为需要约定的其他事项

92. 下列情形中，可能导致建筑工程一切险的保险责任期限终止的有（　　）。

    A. 工程合理使用期满　　　　　　B. 承包人撤出施工现场

    C. 工程所有人实际占用全部工程　D. 工程保修期满

93. 按照标准施工合同通用条款对监理人的相关规定，有关监理人指示通用条款明确规

定（   ）。

   A. 监理人应按照合同条款的约定，公平合理地处理合同履行过程中涉及的有关事项

   B. 除合同另有约定外，承包人只从总监理工程师或被授权的监理人员处取得指示

   C. 监理人未能按合同约定发出指示、指示延误或指示错误而导致承包人施工成本增加
      和（或）工期延误，由发包人承担赔偿责任

   D. 承包人收到监理人发出的任何指示，视为已得到发包人的批准，应遵照执行

94. 施工合同的中标通知书是招标人接受中标人的书面承诺文件，不属于具体写明的内容
    有（   ）。

   A. 承包的施工标段   B. 投标价

   C. 工期   D. 工程质量标准

95. 根据《中华人民共和国民法典》的有关规定，下列关于承诺的说法中错误的是（   ）。

   A. 承诺可以撤销   B. 承诺须由受要约人向要约人作出

   C. 承诺人必须在承诺期限内作出承诺   D. 承诺的内容应当与要约的内容完全一致

96. 委托人和监理人签订合同的根本目的是（   ）。

   A. 选择合适的监理单位   B. 确定监理的范围

   C. 监理报酬的计算   D. 明确双方的权利和义务关系

97. 《建设工程委托监理合同》规定，下列（   ）应属于附加监理工作的范围。

   A. 审查认可施工承包商的施工方案和进度计划

   B. 不可抗力事件发生后的善后工作

   C. 发包人与违约承包商终止合同后，新选定的承包商进场施工前需进行的必要准备
      工作时间

   D. 发包人要求监理人协助办理的与政府行政管理部门的外部协调工作

98. 限制民事行为能力人自主订立的合同属于（   ）。

   A. 效力待定合同   B. 无效合同   C. 有效合同   D. 附条件合同

99. 在如下代理的法律特征中，正确的表述是（   ）。

   A. 在代理人以被代理人名义订立的合同中应约定代理人的权利与义务

   B. 代理人不得在被代理人不在场的情况下以被代理人名义与另一方签订合同

   C. 在被代理人履行合同过程中遭受重大经济损失时，可适当追究代理人的责任

   D. 代理人必须在代理权限范围内实施代理行为

100. 合同法律关系产生、变更和消灭的法律事实分为行为和事件两类。下列在施工合同
     履行过程中发生的事实，属于行为的是（   ）。

   A. 地震灾害导致施工暂停   B. 恶劣气候影响施工安全

   C. 社会动乱影响施工进度   D. 图纸设计错误导致的工程返工

101. 按承包的内容划分，不属于建设工程合同的有（   ）。

   A. 建设工程监理合同   B. 建设工程勘察合同

   C. 建设工程设计合同   D. 建设工程施工合同

102. 下列关于建设工程合同主体说法不正确的是（　　）。

A. 发包人必须具备法人资格

B. 承包人必须具备法人资格

C. 无承包资质的单位不能作为建设工程合同的主体

D. 资质等级低的单位不能越级承包建设工程

103. 委托监理合同法律关系的客体是（　　）。

A. 监理工程　　　B. 监理服务　　　C. 监理规划　　　D. 监理投标方案

104. 某施工企业在异地设有分公司，分公司受其委托与材料供应商订立了采购合同，材料交货后货款未支付，供应商应以（　　）为被告人向人民法院起诉，要求支付材料款。

A. 监理单位　　　B. 分公司　　　C. 建设单位　　　D. 施工企业

105. 施工企业授权项目经理在授权范围内进行施工管理，项目经理为施工企业实施采购材料的行为属于（　　）。

A. 职务代理　　　B. 指定代理　　　C. 法定代理　　　D. 委托代理

106. 关于建设工程合同管理目标，下列错误的是（　　）。

A. 推进项目法人责任制落实　　　　B. 提高工程进度控制水平

C. 减少建筑领域的经济违法　　　　D. 降低不可抗力发生的概率

107. 我国建设领域推行项目法人责任制、招标投标制、工程监理制和合同管理制。在这些制度中，核心是（　　）。

A. 项目法人责任制　　　　　　　　B. 合同管理制度

C. 招标投标制　　　　　　　　　　D. 工程监理制

108. 发包人将工程建设的勘察、设计、施工等任务发包给一个承包人的合同，该合同称为（　　）。

A. 建设工程设计施工总承包合同　　　B. EPC 总承包合同

C. 工程施工总承包合同　　　　　　　D. Partnering 总承包合同

109. 关于合同法律关系的说法，正确的是（　　）。

A. 合同法律关系可以没有内容

B. 技术秘密不能作为合同法律关系的客体

C. 只有法律事实能够引起合同法律关系的消灭

D. 只有行为能够引起合同法律关系的消灭

110. 监理公司取得法人资格的时间为（　　）日。

A. 注册资金到位　　　　　　　　　B. 公司成立

C. 工商行政管理机关核准登记　　　D. 建设行政主管部门颁发资质证书

111. 抵押与质押的区别主要在于（　　）。

A. 担保财产是否为第三人的财产

B. 担保财产变卖后的剩余部分是否归债务人

C. 担保财产是否转移占有

D. 债权人是否有优先受偿权

112. 出具投标保函的银行，应当承担支付保证金责任的情形有（　　）。

A. 投标人提交的投标文件被确认无效

B. 投标人在开标前撤回投标文件

C. 投标人在投标有效期内撤销投标文件

D. 中标后，投标人拒绝订立与投标文件不一致的合同

113. 下列关于施工合同履约保证金的说法不正确的是（　　）。

A. 履约保证金等同于定金

B. 履约保证金主要担保工期和质量符合合同的约定

C. 承包商顺利履行完毕自己的义务，招标人必须全额返还承包商

D. 如果承包商违约，将丧失收回履约保证金的权利，并且不以此为限

114. 建设工程合同纠纷的仲裁由（　　）的仲裁委员会仲裁。

A. 工程所在地　　　　　　　　　B. 双方选定

C. 施工单位所在地　　　　　　　D. 建设单位所在地

115. 勘察合同约定采用定金作为合同担保方式。当事人双方已在合同上签字盖章但发包人尚未支付定金时，该合同处于（　　）状态。

A. 成立但不生效　　　　　　　　B. 既不成立也不生效

C. 承诺生效但合同不成立　　　　D. 生效但不成立

116. 某施工合同履行过程中，经工程师确认质量合格后已隐蔽的工程，工程师又要求剥露重新检验。重新检验的结果表明质量合格，则下列关于损失承担的表述中，正确的是（　　）。

A. 发包人支付发生的全部费用，工期不予顺延

B. 发包人支付发生的全部费用，工期给予顺延

C. 承包人承担发生的全部费用，工期给予顺延

D. 承包人承担发生的全部费用，工期不予顺延

117. 依据监理委托合同规定，委托人有权追究监理单位违约赔偿责任的情况是（　　）。

A. 工程总投资超过预期金额

B. 因施工现场的征用拖延导致竣工时间延长

C. 承包商按监理工程师的指示返工修复施工缺陷使竣工时间延长

D. 监理工程师没有进行合同内规定的检查试验而出现质量事故

118. 监理单位需要调换监理机构的总监理工程师人选时，（　　）。

A. 通知业主后即可调换　　　　　B. 无需通知业主可自行调换

C. 取得业主书面同意后才能调换　D. 合同签订后不允许再调换

119. 施工合同发包人投保"建设工程一切险"的目的是（　　）。

A. 避免风险　　　B. 克服风险　　　C. 转移风险　　　D. 控制风险

120. FIDIC 合同条件规定，工程师视工程进展情况，有权发布暂停施工指令。属于（   ）的暂停施工，承包商可能得到补偿。
    A. 合同中有规定
    B. 由于不利的现场气候条件影响
    C. 为工程施工安全
    D. 现场气候条件以外的外界条件或者障碍导致

121. 施工过程中，如果承包人提出要求使用专利技术经工程师批准后，应由（   ）。
    A. 承包人办理申报手续，发包人承担费用
    B. 承包人办理申报手续，承包人承担费用
    C. 发包人办理申报手续，承包人承担费用
    D. 发包人办理申报手续，发包人承担费用

122. 不属于委托监理合同监理人义务的是（   ）。
    A. 工程建设外部协调工作
    B. 按合同约定派驻监理人员
    C. 不泄露委托人申明的秘密
    D. 运用合理技能认真勤奋地工作

123. 工程师有权处理的索赔是承包商（   ）。
    A. 依据合同条款提出的索赔
    B. 依据法律法规提出的索赔
    C. 提出的道义索赔
    D. 提出的缺少证据索赔

124. FIDIC 施工合同条件规定，对已达到基本竣工的工程，由于非承包商原因不能进行竣工试验，工程师应确定为（   ）。
    A. 工程已竣工不需竣工试验
    B. 工程已竣工还需竣工试验
    C. 经竣工试验判定是否竣工
    D. 经竣工试验后判定是否合格

125. 承包人的施工质量未达到合同要求，工程师发布暂时停工通知，承包人按工程师指示修复缺陷后，发出复工通知，工程师在 48 小时内未作答复，承包人（   ）。
    A. 继续后续工作的施工
    B. 向发包人请示复工
    C. 向工程师再次请示复工
    D. 向发包人发出解除合同通知

126. FIDIC 合同条件规定，当业主与承包商发生合同争议时，提出争议方应首先将自己的要求（   ）。
    A. 通知对方并与他协商
    B. 提交监理工程师请他作出决定
    C. 自己提交仲裁
    D. 直接提请诉讼

127. 合同法律关系是指合同法律规范调整的、在民事流转过程中形成的（   ）关系。
    A. 债权与债务
    B. 代理与被代理
    C. 法人与自然人
    D. 权利与义务

128. 发包人经原设计人书面同意后，可委托其他设计单位修改，（   ）对修改后的设计文件负责。
    A. 发包人
    B. 原设计人
    C. 修改单位
    D. 承包人

129. 设计人的设计工作进展不到委托设计任务的一半时，发包人由于项目建设资金的筹措发生问题而决定停建该项目，单方发出解除合同的通知。按照设计范本的规定，设计人应（   ）。

A. 没收全部定金补偿损失   B. 要求发包人支付双倍的定金

C. 要求发包人补偿实际发生的损失   D. 要求发包人付给合同约定设计费用的 50%

130. 材料采购合同在履行过程中，供货方提前 1 个月通过铁路运输部门将订购物资运抵项目所在地的车站，且交付数量多于合同约定的尾差，（   ）。

     A. 采购方不能拒绝提货，多交货的保管费用应由采购方承担

     B. 采购方不能拒绝提货，多交货的保管费用应由供货方承担

     C. 采购方可以拒绝提货，多交货的保管费用应由采购方承担

     D. 采购方可以拒绝提货，多交货的保管费用应由供货方承担

131. 当投标人对现场考察后向招标人提出问题质疑，而招标人书面回答的问题与招标文件中规定的不一致时，应以（   ）为准。

     A. 现场考察时招标人口头解释   B. 招标文件规定

     C. 书面回函解答   D. 仲裁机构裁定

132. 当合同履行过程中发现，对给付货币地点，合同中没有明确约定，事后双方又未能达成补充协议，依据《中华人民共和国民法典》，应在（   ）履行。

     A. 支付货币一方所在地   B. 接受货币一方所在地

     C. 货币存放地   D. 货币使用地

133. FIDIC 施工合同条件规定，指定分包商行为给业主造成损失，对此事件（   ）。

     A. 承包商承担部分责任

     B. 业主可要求承包商承担全部责任

     C. 如果承包商没有向指定分包商发布错误指示，承包商不承担责任

     D. 应由指定分包商承担全部责任

134. FIDIC 土木工程施工合同条件规定，工程师（   ）之后，退还承包商合同约定的全部保留金。

     A. 签发工程移交证书   B. 签发解除缺陷责任证书

     C. 签发分部工程移交证书   D. 退还履约保函

135. 承包人因自身原因实际施工落后于进度计划，若此时工程的某部位施工与其他承包人发生干扰，工程师发布指示改变了施工时间和顺序导致施工成本的增加和效率降低，此时，承包人（   ）。

     A. 有权要求赔偿

     B. 只能获得增加成本的一定比例的赔偿

     C. 由发包人协调不同承包人间的赔偿问题

     D. 无权要求赔偿

136. 合同生效后，当事人发现合同对交付不动产的履行地点的约定是不明确的，最后应当采用（   ）确定。

     A. 补充协议来源   B. 合同有关条款

     C. 交易习惯   D. 在不动产所在地履行

137. 必须以第三方财产提供担保的方式是（　　）担保。

    A. 保证　　　　　　B. 抵押　　　　　　C. 质押　　　　　　D. 定金

138. 专用条件是对通用条件的（　　）。

    A. 补充　　　　　　B. 修改　　　　　　C. 补充和修改　　　D. 解释说明

139. 《建设工程委托监理合同》规定，委托人的责任不包括（　　）。

    A. 委托人选定的质量检测机构试验数据错误

    B. 因非监理人原因的事由使监理人受到损失

    C. 委托人向监理人提出赔偿要求不能成立

    D. 监理人的过失导致合同终止

140. 下列对不可抗力发生后合同责任的描述错误的是（　　）。

    A. 承包人的人员伤亡由发包人负责　　　B. 工程修复费用由发包人承担

    C. 承包人的停工损失由承包人承担　　　D. 发包人的人员伤亡由发包人负责

141. 关于无效合同，下列说法错误的是（　　）。

    A. 违反了法律规定的条件　　　　　　　B. 自订立起就没有法律效力

    C. 不受到法律保护　　　　　　　　　　D. 自宣布无效之日起无效

142. 在下列各种合同中，一般情况下（　　）的合同有效。

    A. 限制民事行为能力人订立，未由法定代理人追认

    B. 无代理权人订立，被代理人未作表示

    C. 法定代表人越权订立，相对人不知道其超越权限

    D. 无处分权人处分他人财产订立，未经权利人追认

143. 依据施工合同示范文本通用条款，在施工合同履行中，如果发包人不按时支付预付款，承包人可以（　　）。

    A. 立即发出解除合同通知

    B. 立即停工并发出通知要求支付预付款

    C. 在合同约定预付时间 7 天后发出通知要求支付预付款，如仍不能获得预付款，则在发出通知 7 天后停止施工

    D. 在合同约定预付时间 7 天后发出通知要求支付预付款，如仍不能获得预付款，则在发出通知之日起停止施工

144. FIDIC 施工合同条件规定，业主应在收到（　　）后 21 天内，退还承包商履约保函。

    A. 最终支付证书　　B. 接收证书　　　　C. 履约证书副本　　D. 付款证书

145. 设计合同订立后，尚未开始设计工作，发包人因故解除合同的（　　）。

    A. 退还发包人已付的定金　　　　　　　B. 退还发包人已付的设计费

    C. 不退还发包人已付的定金　　　　　　D. 不退还发包人已付的设计费

146. FIDIC 土木工程施工合同条件规定，工程保险期限应为（　　）。

    A. 从投保之日到最终结算日

    B. 从投保之日到工程竣工移交之日

C. 从现场开始工作到工程竣工移交之日

D. 从现场开始工作到解除缺陷责任期结束

147. 在施工合同中，工期可以顺延的根本原因是（　　　）。

    A. 属于发包人应承担的风险　　　　B. 属于工程师应承担的风险

    C. 属于承包人应承担的风险　　　　D. 处于关键线路，影响总工期

二、多项选择题

1. 《建设工程委托监理合同（示范文本）》由（　　　）组成。

    A. 建设工程委托监理合同　　　　B. 规范、图纸

    C. 委托人对监理人的授权委托书　　D. 标准合同条件

    E. 专用合同条件

2. 按照索赔依据，可以将索赔划分为（　　　）。

    A. 合约内索赔　　　　　　　　　B. 合约外索赔

    C. 额外支付　　　　　　　　　　D. 保险索赔

    E. 工期索赔

3. 《简明标准施工招标文件》适用的项目有（　　　）。

    A. 小型项目　　　　　　　　　　B. 设计和施工由同一承包人承担的项目

    C. 技术要求复杂的项目　　　　　D. 工期不超过 12 个月的项目

    E. 对施工阶段有较高的管理和协调能力要求的项目

4. 根据《标准施工招标新资格预审文件和标准施工招标文件试行规定》，各行业编制本行业标准施工合同应遵守的原则有（　　　）。

    A. 结合行业特点，编制本行业中通用合同条款

    B. 不加修改地引用标准文件中的"通用合同条款"

    C. 结合施工项目的具体特点，编制"专用合同条款"

    D. "专用合同条款"补充和细化的内容不得与"通用合同条款"相抵触

    E. "通用合同条款"不能约定"专用合同条款"可以修改"通用合同条款"

5. 根据《标准施工合同》，关于监理人地位的说法，正确的有（　　　）。

    A. 监理人是受发包人委托的发包人代表

    B. 监理人是受发包人聘请的管理人

    C. 监理人属于施工合同履行管理的独立第三方

    D. 监理人属于遵守发包人指示的发包人一方人员

    E. 监理人是受发包人委托对合同履行实施管理的法人或其他组织

6. 根据《标准施工合同》，合同协议书中需要明确填写的内容有（　　　）。

    A. 施工工程或标段　　B. 工程结算方式　　C. 质量标准　　　　D. 合同组成文件

    E. 变更处理程序

7. 根据《标准施工合同》，履约担保的特点有（　　　）。

A. 担保期限自合同签订日起到签发工程移交证书日止

B. 采用无条件担保方式

C. 能快速解决承包方严重违约对施工的影响

D. 能降低发包人合同风险

E. 有助于加强发包人的履约责任心

8. 根据《标准施工合同》，履约担保和预付款担保的主要区别在于（　　）。

A. 担保的方式不同　　　　　　　　　B. 担保的金额不同

C. 担保的期限不同　　　　　　　　　D. 担保的作用不同

E. 被担保的主体不同

9. 《标准施工合同》通用条款规定的合同组成文件包括（　　）。

A. 招标文件　　　　　　　　　　　　B. 投标函及投标函附录

C. 中标通知书　　　　　　　　　　　D. 工程量清单

E. 合同协议书

10. 根据《标准施工合同》，如果承包人有专利技术且有相应设计资质，双方约定由承包人完成部分工程施工图设计时，需要在订立合同时明确的内容有（　　）。

A. 发包人提交施工图审查的时间　　　B. 承包人的设计范围

C. 承包人提交设计文件的期限　　　　D. 承包人提交设计文件的数量

E. 监理人签发图纸修改的期限

11. 如果投保工程一切险的保险金额少于工程实际价值，工程因保险导致的损害事件，正确做法有（　　）。

A. 保险公司按投保的保险金额所占百分比赔偿实际损失

B. 损失赔偿的不足部分由保险事件的风险责任方负责赔偿

C. 永久工程损失赔偿的不足部分由发包人承担

D. 已完成工程损失由承包人承担

E. 施工设备和进场材料损失由保险公司承担

12. 根据《标准施工合同》，关于市场物价浮动对合同价格影响的说法错误的有（　　）。

A. 工期 12 个月以上的施工合同，应设有调价条款

B. 发包人和承包人共同分担市场价格变化风险

C. 施工合同价格可采用票据法进行调整

D. 调整价格的方法适用于工程量清单中所有工程款

E. 总价支付部分不考虑物价浮动对合同价格的调整

13. 根据《标准施工合同》，保险的正确处理方式有（　　）。

A. 发承包双方应分别为自己在现场所有人员投保人身意外和伤害险

B. 发包人应以自己的名义投保工程设备险

C. 承包人应以自己的名义投保施工设备险

D. 发包人应为履行合同的本方人员缴纳工伤保险费

E. 承包人应以自己的名义投保进场材料险

14. 与单价合同相比，固定总价合同的特点有（　　）。
   A. 适用于地下条件复杂的工程　　　　B. 适用于时间特别紧迫的工程
   C. 业主控制投资的难度大　　　　　　D. 承包商承担价格变化的风险较大
   E. 对承包商准确预估工程量的要求高

15. 使用标准合同示范文本的作用包括（　　）。
   A. 确保招标和合同文件中的内容符合法律法规的要求
   B. 避免缺款漏项，防止出现显失公平的条款
   C. 有助于降低合同价格，提高交易效率
   D. 有利于对合同的审计和监督
   E. 有助于仲裁机构或人民法院裁判纠纷

16. 勘察、设计合同的订立时，发包人的相关工作包括（　　）。
   A. 对承包人的资格审查　　　　　　　B. 对承包人履行能力的审查
   C. 合同形式的确定及条款的拟定　　　D. 编制投标文件
   E. 完成勘察、设计任务

17. 对于无效合同的法律后果，无效合同中所涉及的财产可采取如下方式处理：（　　）。
   A. 返还原物　　　　　　　　　　　　B. 赔偿损失
   C. 收归国有或返还集体　　　　　　　D. 统一政策，分级管理
   E. 征收税金

18. 合同的内容一般包括条款（　　）。
   A. 当事人的名称或者姓名和住所　　　B. 标的
   C. 数量　　　　　　　　　　　　　　D. 质量
   E. 价款或者报酬

19. 由于人力不可抗拒的自然灾害造成的经济损失，承包商应当向（　　）索赔，同时可以向（　　）提出工期索赔。
   A. 保险公司　　　B. 业主　　　C. 监理工程师　　　D. 建筑师
   E. 分包人

20. 在处理索赔过程中，施工合同当事人达不成协议时，处理争议的方式是（　　）。
   A. 调解　　　B. 双方议定仲裁　　C. 必须议定起诉　　D. 仲裁或起诉
   E. 仲裁和起诉

21. 承包商的索赔要求成立必须同时具备的条件有（　　）。
   A. 与合同相比较已经造成了实际的额外费用增加或工期损失
   B. 造成费用增加或工期损失的原因不是承包商的过失
   C. 按合同规定不应由承包商承担的风险
   D. 承包商在事件发生后的规定时间内提出了书面索赔意向通知
   E. 承包商提供的证据足以支持自己的主张

22. 承包商向监理工程师提交索赔意向通知后的（　　），还应递送正式的索赔报告。

A. 14 天　　　　　　　　　　　　　　B. 28 天

C. 工程师同意的其他合理时间内　　　D. 业主同意的其他合理时间内

E. 56 天

23. 作为索赔证据的材料必须具备（　　　）的要求。

A. 真实性　　　　　　　　　　　　　B. 全面性

C. 及时性　　　　　　　　　　　　　D. 是经过合理程序形成的书面资料

E. 合理性

24. 工程师无权处理（　　　），须由业主处理。

A. 合约外索赔　　　　　　　　　　　B. 道义索赔

C. 合约内索赔　　　　　　　　　　　D. 数额较大的费用索赔

E. 期限较长的工期索赔

25. 下列资料中（　　　）不能成为索赔的证据资料。

A. 投标须知　　　　　　　　　　　　B. 合同条件

C. 会议纪要　　　　　　　　　　　　D. 业主在电话中的承诺

E. 现场照片

26. 按照 FIDIC 施工合同条件的规定，在（　　　）期限内承包商都有权提出索赔要求。

A. 合同签字日到发布开工令日

B. 开工令日到颁发工程接收证书日

C. 颁发工程接收证书日到颁发履约证书日

D. 颁发履约证书日到结清单生效日

E. 结清单生效日之后到提出合同争议日

27. 施工合同订立应具备的条件是（　　　）。

A. 竣工结算文件已编制完成

B. 工程项目已经列入年度建设计划

C. 有能够满足施工需要的设计文件和有关技术资料

D. 建设资金和主要建筑材料设备来源已经落实

E. 招标工程中标通知书已经下达

28. 采取综合索赔时，承包商必须事前征得工程师的同意，并提出的证明是（　　　）。

A. 综合索赔方法优于其他方法　　　　B. 承包商的投标报价是合理的

C. 实际发生的总成本是合理的　　　　D. 承包商具有索赔能力

E. 承包商对成本增加没有任何责任

29. 工程承包中不可避免地出现索赔的影响因素有（　　　）。

A. 人民币升值　　　　　　　　　　　B. 施工进度变化

C. 施工图纸的变更　　　　　　　　　D. 施工机械发生故障

E. 施工现场条件变化

30. 建设工程施工招标确定中标人后，合同协议书中有关工期的内容应包括（　　　）。

A. 开工日期   B. 竣工日期

C. 施工期   D. 合同工期总日历天数

E. 合同工期总工作天数

31. 根据《建设工程施工合同（示范文本）》的规定，因不可抗力事件导致的下列损失中，应由发包人承担的包括（   ）。

A. 工程本身的损失

B. 承包人采购的运至施工现场待安装工程设备的损害

C. 工程师的人员伤亡损失

D. 工程停工损失

E. 承包人的施工机械损失

32. 按承包的内容划分属于建设工程合同的有（   ）。

A. 建设工程监理合同   B. 建设工程勘察合同

C. 建设工程设计合同   D. 建设工程施工合同

E. 建设物资采购合同

33. 在施工合同履行中，由于承包人的原因造成工程竣工结算价款不能及时支付，则（   ）。

A. 发包人无权要求交付工程

B. 发包人有权要求交付工程

C. 发包人未要求交付工程的，承包人仍应承担工程照管责任

D. 发包人未要求交付工程的，承包人不再承担工程照管责任

E. 承包人可以留置该工程

34. 《建设工程委托监理合同（示范文本）》规定，监理人的主要义务包括（   ）。

A. 依法履行监理职责，公正维护委托人及有关方面的合法权益

B. 推荐选择工程的施工单位

C. 选派合格的监理人员及总监理工程师

D. 不得泄露与工程有关的保密资料

E. 代表委托人与承包人解决合同争议

35. 下列导致工程拖期的原因或情形，监理工程师按合同规定可以批准工程延期的有（   ）。

A. 异常恶劣的气候条件

B. 属于承包单位自身以外的原因

C. 工程拖期事件发生在非关键线路上，且延长的时间未超过总时差

D. 工程拖期的时间超过其相应的总时差，且由分包单位原因引起

E. 监理工程师对已隐蔽的工程进行剥离检查，经检查合格而拖期的时间

36. 工程师依据施工现场的下列情况向承包人发布暂停施工指令时，应顺延合同工期的情况有（   ）。

A. 地基开挖遇到勘察资料未标明的断层，需要重新确定基础处理方案

B. 发包人订购的设备未能按时到货

C. 施工作业方法存在重大安全隐患

D. 后续施工现场未能按时完成移民拆迁工作

E. 施工中遇到有考古价值的文物需要采取保护措施予以保护

37. 工程延期事件发生后，承包单位应在合同规定的有效期内向监理工程师提交（　　）。

A. 临时延期申请　　　　　　　　　B. 延期意向通知

C. 原始进度计划　　　　　　　　　D. 详细申述报告

E. 工程变更指令

38.《建设工程委托监理合同（示范文本）》规定，委托人的义务包括（　　）。

A. 负责合同的协调管理工作　　　　B. 外部关系协调

C. 免费提供监理工作需要的资料　　D. 更换委托人代表需要经监理人同意

E. 将监理人、监理机构主要成员分工、权限及时书面通知被监理人

39. 根据《建设工程委托监理合同（示范文本）》的规定，下列监理工作中，属于附加监理工作的有（　　）。

A. 由于委托人的原因使工作受阻而增加的工作

B. 由于第三方的原因使工作受阻而增加的工作

C. 由于委托人要求增加服务内容和工作范围而增加的工作

D. 非监理人的原因导致监理业务暂停后的恢复工作

E. 非监理人的原因导致监理合同终止的善后工作

40. 根据《建设工程委托监理合同（示范文本）》的规定，委托人与监理人通过招标程序签订监理合同的，下列文件中，属于合同组成部分的有（　　）。

A. 中标函　　　　　　　　　　　　B. 监理委托函

C. 工程监理合同标准条件　　　　　D. 投标保函

E. 规范和规程

41. 在建设工程委托监理合同的履行中，监理人执行监理业务时可以行使的权力包括（　　）。

A. 选定施工合同的承包人　　　　　B. 批准施工合同承包人选定的分包人

C. 确定工程规模　　　　　　　　　D. 主持工程建设有关协作单位的组织协调

E. 审核承包人的索赔文档

42. 下列解决合同争议的文件中，具有法律强制力的有（　　）。

A. 监理工程师主持下发包人和承包人达成的和解协议

B. 建设行政管理机关主持下发包人和承包人达成的调解协议

C. 仲裁机构主持下发包人和承包人达成的仲裁调解书

D. 法院主持下发包人和承包人达成的民事调解书

E. 合同管理机关主持下发包人和承包人达成的调解协议

43. 工程师对分包合同的管理包括（　　）。

A. 检查确认分包工程质量　　　　　B. 对分包商索赔的批准

C. 对分包商发布变更指令　　　　　D. 对分包商资质进行审查

E. 计量、确认分包商完成的工程量

44. 某材料采购合同中，双方约定的采购量为 100t，合理磅差为 0.5%。当交货时计量的重量与约定不符，下述做法中正确的有 （   ）。

A. 计量 98t，则应补交 2t
B. 计量 98t，则应补交 1.5t
C. 计量 99.8t，则不再补交
D. 计量 99.8t，则应补交 0.2t
E. 计量 102t，则退还 2t

45. 依据 FIDIC《施工合同条件》，下列有关争端裁决委员会的说法中，正确的有 （   ）。

A. 业主与承包商各提名 1 位专家作为争端裁决委员会成员
B. 争端裁决委员会成员的报酬由双方平均分担
C. 业主和承包商可单方面向争端裁决委员会征求建议
D. 业主或承包商提名的争端裁决委员会成员应各自从本单位获得报酬
E. 争端裁决委员会成员可在业主或承包商的项目部担任技术顾问

46. 索赔证据的基本要求是 （   ）。

A. 索赔证据必须具备真实性
B. 索赔证据必须具备全面性
C. 索赔证据必须具备特定条件
D. 索赔证据必须具备及时性
E. 索赔证据必须具备直观性

47. 对委托人和监理人都有约束力的合同文件包括 （   ）。

A. 监理招标文件
B. 监理中标函
C. 合同实施过程中双方签署的补充文件
D. 监理合同标准条件
E. 工程量清单

48. 根据《建设工程施工合同（示范文本）》的规定，合同履行发生的下列费用中，可纳入承包人提交的工程进度款支付申请书中的款项包括 （   ）。

A. 本期完成的工程量对应报价单的相应价格计算的工程款
B. 设计变更调整的合同价款
C. 因不可抗力导致人员伤亡的损害赔偿款
D. 本期应扣回的工程预付款
E. 承包人的索赔款

49. 下列关于建筑工程一切险保险人的保险责任期限的说法中，正确的有 （   ）。

A. 工程施工延误竣工，保险责任至保险单约定的时间止
B. 工程提前竣工，保险责任至保险单约定的时间止
C. 工程提前竣工，工程竣工日为保险责任终止日
D. 被保险人提前使用部分单位工程，不对保险单约定的责任期限产生影响
E. 被保险人提前使用部分单位工程，该部分工程的开始使用日为保险责任终止日

第8章 建设工程监理的信息管理与资料管理

一、单项选择题

1. 在施工招投标阶段，监理单位为做好设计管理工作，应收集的信息有（　　）。
   A. 工程造价所在地区的材料、构件、设备、劳动力差异
   B. 同类工程采用新材料、新设备、新工艺、新技术存在问题方面的信息
   C. 项目资金筹措渠道、方式，以及水、电供应等资源方面的信息
   D. 工程所在地的地质和水文情况

2. 监理大纲属于监理工程师在（　　）阶段应收集的信息。
   A. 竣工保修期　　　B. 施工期　　　C. 项目决策　　　D. 施工准备期

3. 部分建设工程文件档案资料是规律性产生的，另一部分则是由具体工程事件引发的，因此，建设工程文件档案资料特性是（　　）的。
   A. 复杂性　　　B. 随机性　　　C. 真实性　　　D. 分散性

4. 下列选项中，（　　）负责接收和保管所辖范围应当永久和长期保存的工程档案和有关资料。
   A. 施工单位　　　　　　　　　　B. 建设单位
   C. 地方城建档案管理部门　　　　D. 建设行政管理部门

5. 建设工程文件组卷过程中，案卷不宜过厚，且不超过（　　）mm。
   A. 20　　　　　　B. 40　　　　　　C. 35　　　　　　D. 30

6. 依据《建设工程监理规范》（GB/T 50319—2013），施工单位向监理单位提交混凝土浇灌申请时，应采用的监理表为（　　）。
   A. 报验申请表　　　　　　　　　B. 工程材料/构（配）件/设备报审表
   C. 混凝土浇灌申请表　　　　　　D. 监理工作联系单

7. 实施工程建设全过程监理的项目，收集新技术、新设备、新材料和新工艺的信息，应侧重在（　　）。
   A. 项目决策阶段和设计阶段　　　B. 设计阶段和施工准备阶段
   C. 施工准备阶段和施工阶段　　　D. 施工阶段和竣工验收阶段

8. 建设工程文件档案资料的（　　）特征决定了建设工程文件档案资料是多层次、多环节、相互关联的复杂系统。
   A. 分散性和复杂性　　　　　　　B. 多专业性和综合性
   C. 全面性和真实性　　　　　　　D. 随机性

9. 需要建设单位长期保存、监理单位短期保存的监理文件是（　　）。

A. 监理部总控制计划
B. 不合格项目通知
C. 月付款报审与支付
D. 工程延期报告及审批

10. 监理文件档案的更改应由原制订部门相应责任人执行，涉及审批程序的，由（　　）执行。

　　A. 监理公司技术负责人
B. 总监理工程师
　　C. 原审批责任人
D. 档案管理责任人

11. 根据《建设工程文件归档整理规范》（GB/T 50328—2014），下列关于建设工程监理文件保管期限的表述，正确的是（　　）。

　　A. 质量事故报告及处理意见由建设单位永久保存
　　B. 合同变更材料由建设单位短期保存
　　C. 合同争议、违约报告及处理意见由监理单位永久保存
　　D. 监理规划由建设单位长期保存

12. 项目监理机构对分包单位资格审核的内容不包括（　　）。

　　A. 分包单位的资质等级
B. 季节施工方案是否可行、合理
　　C. 专职管理人员的资格证
D. 拟分包工程的范围

13. "工程临时延期审批表"应由（　　）签发。

　　A. 总监理工程师
B. 专业监理工程师
　　C. 监理单位技术负责人
D. 监理单位法定代表人

14. 列入城建档案管理部门接收范围的工程，建设单位应在工程竣工验收后（　　）个月内向城建档案管理部门移交一套符合规定的工程档案。

　　A. 1
B. 2
C. 3
D. 6

15. 下列不属于建设工程文件的是（　　）。

　　A. 施工文件
B. 竣工图
C. 监理文件
D. 法律法规文件

16. 对施工单位的工程文件的形成、积累、立卷归档工作进行监督、检查是（　　）的职责。

　　A. 设计单位和监理单位
B. 建设单位和监理单位
　　C. 建设单位和地方城建档案管理部门
D. 监理单位和地方城建档案管理部门

17. 下列文件中，经总监理工程师同意，除重大问题外应由专业监理工程师签发的是（　　）。

　　A. 监理工作联系单
B. 工程变更单
　　C. 监理工程师通知单
D. 工程临时延期审批表

18. 信息在工程实际中是动态的、不断变化、不断产生的，要求我们要及时处理数据，这是信息（　　）的具体要求。

　　A. 真实
B. 系统性
C. 时效性
D. 不完全性

19. 提高我们对客观规律的认识，避免（　　）。

　　A. 不真实性
B. 不完全性
C. 间断性
D. 非准确性

20. "不同的决策、不同的管理需要不同的信息"体现了信息应具备（ ）。
    A. 真实性　　　　　B. 系统性　　　　　C. 时效性　　　　　D. 层次性

21. 不符合事实的信息不仅无用而且有害，这体现了信息应该具有（ ）。
    A. 真实性　　　　　B. 系统性　　　　　C. 层次性　　　　　D. 不完全性

22. 监理工作中要求我们全面掌握投资、进度、质量、合同多个角度的信息，才能做好工作，这是因为信息具有（ ）特点。
    A. 全面性　　　　　B. 完全性　　　　　C. 系统性　　　　　D. 层次性

23. 信息分类应从系统工程的角度出发，放在具体的应用环境中进行整体考虑，这就要求对建设项目的信息进行分类时，必须遵循（ ）原则。
    A. 稳定性　　　　　B. 可扩展性　　　　C. 逻辑性　　　　　D. 综合实用性

24. 建设工程项目信息分类的基本方法有（ ）。
    A. 线分类法和面分类法　　　　　　B. 点分类法和线分类法
    C. 点分类法和面分类法　　　　　　D. 网格分类法和线分类法

25. "信息分类体系应建立在对基本概念和划分对象的透彻理解基础上"要求对建设项目的信息进行分类时必须遵循（ ）原则。
    A. 稳定性　　　　　B. 可扩展性　　　　C. 兼容性　　　　　D. 综合实用性

26. 既具有良好的逻辑性且又被称为树状结构分类法的是项目信息分类中的（ ）。
    A. 面分类法　　　　B. 线分类法　　　　C. 点分类法　　　　D. 群分类法

27. 对建设项目的信息进行分类应遵循（ ）原则，从而使项目信息分类体系能满足不同项目参与方高效信息交换的需要。
    A. 稳定性　　　　　B. 兼容性　　　　　C. 逻辑性　　　　　D. 可扩展性

28. 在建设项目信息的分类中，通常应设置收容类目，以保证增加新的信息类型时不至于打乱已建立的分类体系，这就要求对建设项目信息进行分类时，必须遵循（ ）原则。
    A. 稳定性　　　　　B. 兼容性　　　　　C. 综合实用性　　　　D. 可扩展性

29. 在对建设项目信息进行分类时，要求同一层面上各个子类互相排斥，这是建设项目信息进行分类必须遵守的（ ）原则的体现。
    A. 稳定性　　　　　B. 兼容性　　　　　C. 逻辑性　　　　　D. 综合实用性

30. 将信息分为战略性信息、管理性信息、业务性信息是按建设工程项目的（ ）进行分类的。
    A. 信息稳定程度　　B. 信息层次　　　　C. 信息性质　　　　D. 信息来源

31. 按照（ ）可将建设工程项目信息分为：组织类信息、管理类信息、经济类信息、技术类信息。
    A. 信息层次　　　　B. 信息性质　　　　C. 信息来源　　　　D. 信息稳定程度

32. 固定信息指在一定时间内相对稳定不变的信息，其不包括（ ）。

A. 生产作业计划标准　　　　　　　　　B. 计划信息
C. 查询信息　　　　　　　　　　　　　D. 项目实施阶段的质量

33. 在监理单位介入各阶段的信息收集中，多次提到的"四新"是指（　　　）。
A. 新工艺、新设备、新水平、新技术　　B. 新设备、新材料、新工艺、新技术
C. 新技术、新工艺、新管理、新材料　　D. 新材料、新资源、新技术、新工艺

34. 新技术、新设备、新工艺、新材料的专业配套能力方面的信息宜在（　　　）阶段收集。
A. 决策　　　　　　B. 设计　　　　　　C. 招投标　　　　　D. 施工

35. （　　　）是属于建设工程项目施工招标投标阶段的信息收集。
A. 监理大纲　　　　　　　　　　　　　B. 设计文件图纸、概预算
C. 施工图情况　　　　　　　　　　　　D. 自然环境相关方面的信息

36. 在施工招投标阶段监理未介入时，施工阶段监理信息收集的关键阶段是（　　　）。
A. 施工准备期　　　　　　　　　　　　B. 施工期
C. 初步设计期　　　　　　　　　　　　D. 竣工保修期

37. 在施工准备期间，监理工程师认为本阶段是施工阶段监理信息收集的关键阶段，因为监理未介入（　　　）。
A. 项目决策阶段　　　　　　　　　　　B. 项目设计阶段
C. 项目施工招投标阶段　　　　　　　　D. 项目施工监理合同签订阶段

38. 监理单位要根据与建设单位签订的（　　　），决定收集信息。
A. 监理大纲　　　　　　　　　　　　　B. 监理合同
C. 监理实施细则　　　　　　　　　　　D. 监理规划

39. 信息来源较杂、较多，信息渠道还不正式的阶段是（　　　）。
A. 施工准备期　　　　　　　　　　　　B. 施工实施期
C. 竣工保修期　　　　　　　　　　　　D. 可行性研究阶段

40. 工程各参建单位填写的建设工程档案应以（　　　）为依据。
A. 工程合同、设计文件、工程施工质量验收统一标准
B. 施工及验收规范、工程合同、设计文件
C. 工程合同、设计规范、工程施工质量验收统一标准
D. 施工及验收规范、工程合同、设计文件、工程施工质量验收统一标准

41. 实行建设工程总承包的，各分包单位将本单位形成的工程文件整理、立卷后及时移交（　　　）。
A. 监理单位　　　　　　　　　　　　　B. 总承包单位
C. 建设单位　　　　　　　　　　　　　D. 地方城建档案管理部门

42. 施工单位按要求在（　　　）将施工文件整理汇总完毕，再移交建设单位。
A. 竣工前　　　　B. 保修期结束时　　　C. 竣工后　　　　D. 保修期开始前

43. 在工程档案资料进行分级管理中，建设工程项目各单位的（　　）负责本单位工程档案资料的全过程组织工作并负责审核。

    A. 部门负责人　　　　B. 技术负责人　　　　C. 档案室负责人　　D. 档案管理员

44. 在建设工程文件档案管理职责中，负有收集和整理工程准备阶段竣工验收阶段形成的文件，并进行立卷归档职责的是（　　）。

    A. 施工单位　　　　　B. 监理单位　　　　　C. 建设单位　　　　　D. 设计单位

45. 施工单位在建设工程文件档案资料管理中实行（　　）。

    A. 岗位责任制　　　　　　　　　　　　B. 技术负责人负责制

    C. 项目经理负责制　　　　　　　　　　D. 总监理工程师负责制

46. 负责接收和保管所辖范围应当永久和长期保存的工程档案和有关资料的单位是（　　）。

    A. 建设单位　　　　　　　　　　　　　B. 监理单位

    C. 城建档案管理部门　　　　　　　　　D. 施工单位

47. 案卷封面档号由（　　）填写。

    A. 建设单位　　　　　　　　　　　　　B. 档案保管单位

    C. 监理单位　　　　　　　　　　　　　D. 地方城建档案管理部门

48. 建设工程档案文件的保存期为长期是指工程档案的保存期（　　）。

    A. 为 50 年　　　　　　　　　　　　　B. 大于该工程的使用寿命

    C. 大于 100 年　　　　　　　　　　　D. 等于该工程的使用寿命

49. 在同一案卷内有永久、短期两种不同保管期限的文件，该案卷的保管期限应为（　　）。

    A. 永久保存　　　　B. 50 年　　　　　C. 20 年　　　　　　D. 2 年

50. 工程档案套数一般不少于（　　）。

    A. 1 套　　　　　　B. 2 套　　　　　　C. 3 套　　　　　　D. 5 套

51. 同一案卷内有机密和秘密两种密级的建设工程文件，其密级应为（　　）。

    A. 机密　　　　　　　　　　　　　　　B. 秘密

    C. 绝密　　　　　　　　　　　　　　　D. 介于机密和秘密之间

52. 不同幅面的工程图纸应按《技术制图复制图的折叠方法》统一折叠成（　　），图标栏露在外面。

    A. A3 幅面　　　　　B. A4 幅面　　　　　C. B4 幅面　　　　　D. B5 幅面

53. 利用施工图改绘竣工图，凡是施工结构、工艺、平面布置等有重大改变，或变更部分超过图面（　　）的，应当重新绘制竣工图。

    A. 2/3　　　　　　　B. 1/2　　　　　　C. 1/3　　　　　　D. 1/4

54. （　　）不符合建设工程档案编制的质量要求。

    A. 利用施工图改绘竣工图

    B. 所有竣工图均应加盖竣工图章

    C. 归档的工程文件都应为原件

D. 工程文件的内容必须真实、准确，与工程实际相符合

55. 归档文件立卷原则是（　　　）。

A. 各建设工程由多个单位工程组成，工程文件应该按照单位工程组卷

B. 工程准备阶段文件可以按照单位工程、分部工程、专业、形成单位等组卷

C. 竣工图可以按照单位工程、专业等组卷

D. 立卷不宜过厚，一般不超过 40mm

56. 案卷封面的式样应符合现行《建设工程文件归档整理规范》（GB/T 50328—2014）中（　　　）的要求。

A. 附录 A　　　　　B. 附录 B　　　　　C. 附录 C　　　　　D. 附录 D

57. 卷内备考表排列在（　　　）。

A. 卷内目录之前　　　　　　　　　B. 卷内文件的首页之后

C. 卷内目录之后　　　　　　　　　D. 卷内文件的尾页之后

58. 建设单位未取得城建档案管理部门出具的认可文件，不得组织工程（　　　）。

A. 自验　　　　　B. 初验　　　　　C. 预验收　　　　　D. 竣工验收

59. 凡报送的工程档案验收不合格的，应由（　　　）责成责任者重新编制，待达到要求后重新报送。

A. 建设单位　　　　　　　　　　　B. 地方城建档案管理部门

C. 监理单位　　　　　　　　　　　D. 建设行政主管部门

60. 对列入当地城建档案管理部门接收范围的工程，工程竣工验收（　　　）内，应向当地城建档案管理部门移交一套符合规定的工程文件。

A. 3 个月　　　　　B. 1 个半月　　　　　C. 6 个月　　　　　D. 1 年

61. 进入城建档案馆的工程档案移交程序为：（　　　）。

A. 由监理单位组织工程竣工验收，验收后 3 个月内向当地城建档案馆办理移交

B. 由建设单位组织工程竣工验收，一周内向城建档案馆办理工程档案移交

C. 由建设单位组织工程竣工验收，验收后 3 个月内向城建档案馆办理工程档案移交

D. 由监理单位组织工程竣工验收，验收后一周后向城建档案馆办理工程档案移交

62. 停建、缓建工程的工程档案，暂由（　　　）保管。

A. 城建档案管理部门　　　　　　　B. 建设单位

C. 监理单位　　　　　　　　　　　D. 施工单位

63. 列入城建档案管理部门档案接收范围的工程，（　　　）。

A. 建设单位可自行对工程档案进行预验收的同时请城建档案管理部门参加工程竣工验收

B. 建设单位请城建档案管理部门对工程档案进行预验收，再组织工程竣工验收

C. 建设单位请城建档案管理部门组织工程竣工验收

D. 建设单位请城建档案管理部门对工程档案进行预验收，取得认可文件后，再组织工程竣工验收

64. 工程档案由（　　）进行验收，属于向地方城建档案管理部门报送工程档案的工程项目应会同地方城建档案管理部门验收。

    A. 监理单位　　　　　　　　　　　　B. 建设单位

    C. 建设单位主管部门　　　　　　　　D. 建设行政主管部门

65. （　　）负责工程档案的最后验收，并对编制报送工程档案进行业务指导、督促和检查。

    A. 建设单位　　　　　　　　　　　　B. 监理单位

    C. 地方城建档案管理部门　　　　　　D. 建设行政主管部门

66. 按要求在竣工前将施工文件整理汇总完毕，再移交建设部门进行工程竣工验收的一方是（　　）。

    A. 监理单位　　　　B. 施工单位　　　　C. 建设单位　　　　D. 城建部门

67. 在改建、扩建和维修工程中，对改建的部位应当重新编写工程档案，并在工程竣工验收后（　　）内向城建部门移交。

    A. 1个月　　　　　B. 2个月　　　　　C. 3个月　　　　　D. 4个月

68. 建设单位按照现行《建设工程文件归档整理规范》（GB/T 50328—2014）要求，将汇总的该建设工程文件档案向（　　）移交。

    A. 建设单位档案管理机构　　　　　　B. 建设行政管理部门档案管理机构

    C. 地方城建档案管理部门　　　　　　D. 施工单位档案管理部门

69. 工程建设照片和声像资料收文登记后，应交给项目总监或（　　）进行处理，重要文件内容应在监理日记中记录。

    A. 项目经理　　　　　　　　　　　　B. 授权的监理人员

    C. 授权的监理工程师　　　　　　　　D. 监理单位技术负责人

70. 监理单位的（　　）可以明确本单位文件档案资料管理的框架性原则，以便统一管理并体现出企业的特点。

    A. 总监理工程师　　　　　　　　　　B. 监理部门

    C. 专业监理工程师　　　　　　　　　D. 技术管理部门

71. 监理文件的所有收文最后由（　　）签字。

    A. 专业监理工程师　　　　　　　　　B. 监理员

    C. 总监理工程师　　　　　　　　　　D. 项目监理部负责收文人员

72. 资料管理人员检查文件档案内容后确认可用下列（　　）方式表示。

    A. 符合相关规定人员盖章　　　　　　B. 符合相关规定人员盖章并打印名字

    C. 手写签字　　　　　　　　　　　　D. 代签

73. 现行《建设工程文件归档整理规范》（GB/T 50328—2014）要求监理实施细则的归档保存是（　　）。

    A. 建设单位长期保存，监理单位长期保存

    B. 建设单位长期保存，监理单位短期保存

C. 建设单位短期保存，监理单位长期保存

D. 建设单位短期保存，监理单位短期保存

74. 按照现行《建设工程文件归档整理规范》（GB/T 50328—2014），监理规划在不同单位的归档保存情况是（   ）。

A. 建设单位长期保存，监理单位长期保存

B. 建设单位短期保存，监理单位长期保存

C. 名设单位长期保存，监理单位短期保存

D. 建设单位短期保存，监理单位短期保存

75. 在监理文件档案中的合同与其他事项管理中，不需送城建档案管理部门保存的档案文件是（   ）。

A. 工程延期报告及审批　　　　　　B. 费用索赔报告及审批

C. 合同争议、违约报告及处理意见　　D. 合同变更材料

76. 建设单位永久保存，监理单位长期保存，送城建档案管理部门保存的合同及其他事项管理文件是（   ）。

A. 合同变更材料　　　　　　　　　B. 合同争议、违约报告及处理意见

C. 费用索赔报告及审批　　　　　　D. 质量评估报告

77. 在监理文件中的造价控制类文件档案应送城建档案管理部门保存的是（   ）。

A. 预付款报审与支付　　　　　　　B. 月付款报审与支付

C. 工程竣工决算审核意见书　　　　D. 设计变更、洽商费用报审与签认

78. 下列监理文件中，需要监理单位保存的是（   ）。

A. 预付款报审与支付　　　　　　　B. 设计变更、洽商费用报审与签认

C. 分包单位资质材料　　　　　　　D. 工程延期报告及审批

79. 在下列监理文件档案中，建设单位、监理单位、城建档案管理部门均需要保存的文件是（   ）。

A. 预付款报审与支付凭证　　　　　B. 供货单位资质材料

C. 有关造价控制监理通知　　　　　D. 监理实施细则

80. 监理文件档案的更改涉及审批程序的，由（   ）执行。

A. 总监理工程师　　　　　　　　　B. 建设单位负责人

C. 原审批责任人　　　　　　　　　D. 原审批单位负责人

81. 施工阶段，整个工程项目中涉及多个单位工程且开工时间不同，则每个单位工程开工时（   ）。

A. 同时填报工程开工报审表

B. 都应各填报一次工程开工报审表

C. 均在第一次开工时填报工程开工报审表

D. 后填报工程开工报审表

82. 工程开工/复工报审表由监理工程师审核，由（   ）签署意见，报建设单位。

A. 项目经理
B. 总监理工程师

C. 专业监理工程师
D. 监理单位负责人

83. 对建设工程监理表格中分包单位资格申报表应审核的主要内容不包括（　　）。

A. 分包单位资质

B. 分包单位业绩材料

C. 季节施工、专项施工方案是否可行、合理和先进

D. 专职管理人员和特种作业人员的资格证、上岗证

84. 施工单位在开工前向项目监理部报送（　　）的同时，填写施工组织设计（方案）报审表。

A. 工程开工报审表
B. 施工组织设计（施工方案）

C. 监理工作联系单
D. 报验申请表

85. 监理工作联系单用于混凝土浇灌申请时，可由工程项目（　　）签发。

A. 总监理工程师
B. 专业监理工程师

C. 经理部的项目经理
D. 经理部的技术负责人

86. 工程项目监理部用监理工作联系单回复混凝土浇灌申请时，可以由（　　）签署。

A. 总监理工程师
B. 土建工程监理工程师

C. 监理员
D. 监理部技术负责人

87. 费用索赔审批表由（　　）审核后，报总监理工程师签批，签批前应与建设单位、施工单位协商确定批准的赔付金额。

A. 项目经理
B. 监理员

C. 专业监理工程师
D. 建设单位技术负责人

88. 用正式函件形式进行通知或联系，不宜采用监理工作联系单，改由发出单位的（　　）签发。

A. 技术负责人　　　　B. 分管领导　　　　C. 法人　　　　D. 工程师

89. 监理规划应在签订委托监理合同，收到施工合同、施工组织设计、设计图纸文件后（　　）内完成编制工作。

A. 15 天　　　　B. 30 天　　　　C. 45 天　　　　D. 60 天

90. 总监理工程师签发工程暂停令时，应与（　　）协商一致后再签发。

A. 监理单位
B. 专业监理工程师

C. 施工单位
D. 建设单位

91. 工程临时延期审批表由总监理工程师签发，签发前应征得（　　）同意。

A. 项目经理　　　　B. 建设单位　　　　C. 施工单位　　　　D. 监理单位

92. 工程暂停令由（　　）签发。

A. 专业监理工程师
B. 总监理工程师

C. 项目经理
D. 建设单位驻工地代表

93. 费用索赔申请表经（　　）签字后报项目监理部。
    A. 工程技术负责人　　　　　　　　B. 工程财务主管
    C. 项目经理　　　　　　　　　　　D. 施工单位负责人

94. 涉及重大问题的监理工程师通知单由（　　）签发。
    A. 专业监理工程师　　　　　　　　B. 总监理工程师
    C. 建设单位负责人　　　　　　　　D. 监理单位负责人

95. 项目监理日志由项目总监理工程师指定一名（　　）对项目每天总的情况进行记录。
    A. 监理员　　　　　　　　　　　　B. 监理工程师
    C. 专业监理工程师　　　　　　　　D. 技术人员

96. 监理例会会议纪要由（　　）根据会议记录整理。
    A. 项目经理部　　　　　　　　　　B. 项目监理部
    C. 建设单位　　　　　　　　　　　D. 施工单位

97. 监理例会会议纪要的内容，经（　　）审阅，与会各方代表会签，发至合同有关各方，并应有签收手续。
    A. 项目法人　　　B. 监理单位负责人　C. 总监理工程师　　D. 项目经理

98. 监理规划的编制由（　　）来组织完成。
    A. 专业监理工程师　　　　　　　　B. 总监理工程师
    C. 监理公司技术负责人　　　　　　D. 建设单位技术负责人

99. 监理规划编制完成后，经（　　）审核批准后，在监理交底会前报送建设单位。
    A. 监理公司技术负责人　　　　　　B. 监理公司负责人
    C. 项目经理　　　　　　　　　　　D. 建设单位技术负责人

100. 监理实施细则应符合（　　）的要求。
    A. 委托监理合同　　　　　　　　　B. 施工合同
    C. 监理规划　　　　　　　　　　　D. 监理工作方法

101. 数据是（　　）。
    A. 资料　　　　　　　　　　　　　B. 信息
    C. 客观实体属性的反映　　　　　　D. 数量

102. 信息是（　　）。
    A. 情报　　　　　B. 对数据的解释　　C. 数据　　　　　　D. 载体

103. 按照建设工程项目目标划分，信息的分类有（　　）。
    A. 项目内部信息和外部信息
    B. 生产性、技术性、经济性和资源性信息
    C. 固定信息和流动信息
    D. 投资控制、进度控制、质量控制信息及合同管理信息

104. 建设工程项目信息分类基本方法有面分类法和（　　）。

A. 系统分类法　　　B. 标准分类法　　　C. 线分类法　　　D. 综合分类法

105. 建设工程项目信息由文字图形信息、语言信息和（　　）构成。

   A. 经济类信息　　　B. 新技术信息　　　C. 固定信息　　　D. 环境信息

106. 建设工程信息流由（　　）组成。

   A. 建设各方的数据流　　　　　　　　B. 建设各方的信息流
   C. 建设各方的数据流综合　　　　　　D. 建设各方各自的信息流综合

107. 建设工程文件是指（　　）。

   A. 在工程建设过程中形成的各种形式的记录，包括监理文件
   B. 在工程建设过程中形成的各种形式的记录，包括监理文件、施工文件、设计文件
   C. 在工程建设活动中直接形成的具有保存价值的文字、图表、声像等各种形式的历史记录
   D. 在工程建设过程中形成的各种形式的信息记录，包括工程准备阶段文件、监理文件、施工文件、竣工图和竣工验收文件

108. 基于互联网的建设项目信息管理系统功能分为（　　）。

   A. 电子商务功能　　　　　　　　　　B. 文档管理功能
   C. 基本功能和扩展功能　　　　　　　D. 通知与桌面管理功能

109. 基于互联网的建设工程信息管理系统的特点有（　　）等。

   A. 用户是建设单位的承包单位
   B. 用户包括政府、监理单位、材料供应商
   C. 用户是建设工程的所有参与单位
   D. 用户依靠政府建设主管部门的网站

110. 监理例会会议纪要由（　　）根据会议记录整理。

   A. 会议主持人　　　B. 记录员　　　C. 项目监理部　　　D. 监理员

111. 建设工程文件档案资料是由（　　）组成。

   A. 建设工程文件
   B. 建设工程监理文件
   C. 建设工程验收文件
   D. 建设工程文件、建设工程档案和建设工程资料

112. 送建设单位永久保存的监理文件有工程延期报告及审批和（　　）共两大类。

   A. 合同争议、违约报告及处理意见　　B. 分包单位资技材料
   C. 设计变更、洽商费用报审与签认　　D. 建设工程项目监理工作总结

113. 监理主要文件档案中的监理工作总结包括竣工总结、专题总结和（　　）三类。

   A. 月报总结　　　　　　　　　　　　B. 单位工程监理工作总结
   C. 分部、分项工程监理工作总结　　　D. 建设工程项目监理工作总结

114. 按照《建设工程文件归档整理规范》（GB/T 50328—2014），建设工程档案资料分为：

监理文件、施工文件、竣工图、竣工验收文件和（　　）五大类。

    A. 财务文件　　　　　　　　　　　　B. 建设用地规划许可证文件

    C. 施工图设计文件　　　　　　　　　D. 工程准备阶段文件

115. 建设工程档案资料中的施工文件分为建筑安装工程和（　　）两大类。

    A. 建筑与结构工程　　　　　　　　　B. 电气工程

    C. 市政基础设施工程　　　　　　　　D. 室外工程

116. 根据《建设工程监理规范》（GB/T 50319—2013）的规定，监理报表体系有承包单位用表、监理单位用表和（　　）三大类。

    A. 工程款支付申请表　　　　　　　　B. 各方通用表

    C. 报验申请表　　　　　　　　　　　D. 费用索赔审批表

117. 常用的建设工程项目管理软件分为综合进度计划管理软件和（　　）两大类。

    A. 面向大型、复杂工程项目的项目管理软件

    B. 合同事务管理与费用控制管理软件

    C. 对各阶段进行集成的管理软件

    D. 多功能集成项目管理软件

118. 下列（　　）属于建设工程项目管理软件应用规划的主要内容之一。

    A. 建立项目管理软件应用的管理办法和相关细则

    B. 确定项目管理软件应用的范围

    C. 确定项目管理软件应用的目标

    D. 确定项目管理软件应用的需求

119. 从项目管理软件适用的工程对象来划分，有（　　）。

    A. 适用于某个阶段的特殊用途的项目管理软件

    B. 面向大中小型项目、复杂工程项目和企业事务管理项目的项目管理软件

    C. 网络计划管理软件

    D. 费用控制管理软件

120. 竣工验收前，监理单位应向建设单位提交（　　）。

    A. 建设工程质量检查报告　　　　　　B. 建设工程竣工验收监理评估报告

    C. 施工单位建设工程质量验收报告　　D. 建设工程竣工验收报告

121. 对于 BIM 是信息化技术的说法，以下选项的描述正确的是（　　）。

    A. BIM 是设施的数字化表达

    B. BIM 是一个共享的知识资源

    C. BIM 需要信息化软件的支撑并通过 BIM 软件实现在 BIM 模型中提取、应用、更新相关信息

    D. BIM 应用于设计、建造、运营的数字化管理方法和协同工作过程

二、多项选择题

1. 信息的特点有（　　）等。

A. 真实性　　　　　　B. 系统性　　　　　　C. 有效性　　　　　　D. 不完全性

E. 时效性　　　　　　F. 适用性

2. 信息分类编码的原则为（　　　）等。

A. 唯一性　　　　　　B. 合理性　　　　　　C. 可扩充性　　　　　D. 有效性

E. 可预见性　　　　　F. 规范性

3. 系统的特点有（　　　）等。

A. 目的性　　　　　　B. 环境适应性　　　　C. 真实性　　　　　　D. 稳定性

E. 整体性　　　　　　F. 相关性

4. 建设工程项目信息工作原则有（　　　）等。

A. 适用性　　　　　　B. 可扩充性　　　　　C. 标准化　　　　　　D. 时效性

E. 定量化　　　　　　F. 简单性

5. 建设工程信息管理的基本环节包括（　　　）。

A. 信息的收集、传递　　　　　　　　　B. 信息的加工、整理

C. 信息的检索，存储　　　　　　　　　D. 数据和信息的收集、传递

E. 数据和信息的加工、整理　　　　　　F. 数据和信息的检索、存储

6. 建设工程监理文件资料应以（　　　）等为依据填写。

A. 工程合同　　　　　　　　　　　　　B. 工程施工质量验收标准

C. 建设工程监理规范　　　　　　　　　D. 建设工程文件归档整理规范

E. 建设单位意见

7. 项目监理机构文件资料管理的基本职责包括（　　　）。

A. 项目监理机构应建立完善监理文件资料管理制度

B. 项目监理机构应及时、准确、完整地收集、整理、编制、传递监理文件资料，并按
规定组卷归档

C. 项目监理机构应采用笔记本电脑进行监理资料管理

D. 项目监理机构应根据工程特点和有关规定保存监理档案

E. 监理单位档案部门需要的监理档案，由项目监理部及时按监理单位的有关要求组卷
归档

8. 监理文件资料内容包括（　　　）。

A. 施工控制测量成果报验文件资料

B. 见证取样和平行检验文件资料

C. 工程质量检查报验资料及工程有关验收资料

D. 施工交底记录

E. 工程变更、费用索赔及工程有关验收资料

9. 建设工程信息管理基本环节包括（　　　）。

A. 信息载体　　　　　　B. 信息收集　　　　　C. 信息传递　　　　　D. 信息检索

E. 信息存储

10. 施工阶段监理文件资料按监理工作阶段进行分类，一般分为（ ）资料。

A. 可研阶段　　　　　B. 设计阶段　　　　　C. 施工准备阶段　　　D. 施工阶段

E. 竣工阶段

11. 监理文件资料归档保存的原则包括（ ）。

A. 原件为主　　　　　B. 书写规范　　　　　C. 复印件为辅　　　　D. 编码规范

E. 按照一定顺序归档

12. 竣工图的基本内容应包括（ ）。

A. 建设单位　　　　　B. 施工单位　　　　　C. 编制人　　　　　　D. 监理单位

E. 设计单位

13. 城建档案管理部门对需要归档的监理文件资料的验收要求包括（ ）。

A. 监理文件资料分类齐全，系统完整

B. 监理文件资料的内容完整真实，准确反映了建设工程监理活动和工程实际状况

C. 文件材质、幅面、书写、绘图等符合要求

D. 监理文件资料已整理组卷，组卷符合《建设工程质量管理条例》规定

E. 监理文件资料的形成、来源符合实际，要求单位或个人签章的文件，签章手续完备

14. 下列表式中，应由总监理工程师签字并加盖执业印章的有（ ）。

A. 工序报审表　　　　　　　　B. 工程开工令

C. 工程开工报审表　　　　　　D. 工程款支付报审表

E. 材料报审表

15. 下面哪些属于 BIM 的特点？（ ）

A. 可视化　　　　　B. 协调性　　　　　C. 模拟性　　　　　D. 优化性

E. 出图性

第9章　建设工程监理组织

一、单项选择题

1. 在建设工程组织管理基本模式中，按（　　）发包的工程也称"交钥匙工程"。
   - A. 平行承发包模式
   - B. 设计或施工总分包模式
   - C. 项目总承包模式
   - D. 项目总承包管理模式

2. 某工程项目的建设单位通过招标与某监理单位签订了施工阶段委托监理合同，总监理工程师应根据（　　）组建项目监理机构。
   - A. 监理大纲和监理规划
   - B. 监理大纲和委托监理合同
   - C. 委托监理合同和监理规划
   - D. 监理规划和监理实施细则

3. 在建立项目监理机构的工作步骤中，最后需要完成的工作是（　　）。
   - A. 制订工作流程和信息流程
   - B. 制订岗位职责和考核标准
   - C. 确定组织结构和组织形式
   - D. 安排监理人员和辅助人员

4. 下列关于项目监理机构组织形式的表述，正确的是（　　）。
   - A. 职能制监理组织形式最适用于小型建设工程
   - B. 职能制监理组织形式具有较大的机动性和适应性
   - C. 直线职能制监理组织形式的缺点是职能部门与指挥部门易产生矛盾
   - D. 矩阵制监理组织形式的优点之一是其中任何一个下级只接受唯一上级的指令

5. 不属于项目监理机构组织设计原则的是（　　）。
   - A. 集权与分权统一
   - B. 权责一致
   - C. 专业分工与协作统一
   - D. 管理跨度与管理部门统一

6. 监理单位在进行项目监理机构组织设计时，应根据工程的特点、监理工作的重要性、总监理工程师的能力和各专业监理工程师的工作经验等，决定项目监理机构（　　）。
   - A. 采取集权形式还是分权形式
   - B. 内部的协作关系
   - C. 管理层次的数量
   - D. 与外部环境的适应性

7. 《建设工程监理规范》（GB/T 50319—2013）规定，（　　）对分部工程和单位工程的质量检验评定资料进行审核签认。
   - A. 专业监理工程师
   - B. 总监理工程师
   - C. 监理单位技术负责人
   - D. 监理员

8. 项目总承包模式具有的优点是（　　）。
   - A. 合同关系简单
   - B. 合同管理难度小
   - C. 合同价格低
   - D. 有利于质量控制

9. 与总分包模式相比，建设工程平行承发包模式的优点是（　　）。

    A. 合同价格低   B. 有利于投资控制

    C. 有利于缩短工期   D. 有利于合同管理

10. 签订监理合同后，监理单位实施建设工程监理的首要工作是（　　）。

    A. 编制监理大纲   B. 编制监理规划

    C. 编制监理实施细则   D. 组建项目监理机构

11. 建设工程监理组织协调方法中，最具有合同效力的是（　　）。

    A. 访问协调法   B. 书面协调法   C. 情况介绍法   D. 交谈协调法

12. 下列不能体现监理工作规范化的是（　　）。

    A. 工作的时序性   B. 职责分工的严密性

    C. 工作目标的确定性   D. 协调双方的一致性

13. 下列关于组织构成因素的说法，错误的是（　　）。

    A. 组织的最高管理者到最基层的实际工作人员权责逐层递减，而人数却逐层递增

    B. 管理跨度的大小直接取决于这一级管理人员所需协调的工作量

    C. 管理部门的划分要根据组织目标与工作内容确定

    D. 管理职能的确定应使纵向部门相互联系、协调一致，横向各部门间指挥灵活

14. 工程建设强度是影响监理机构人员数量的主要因素之一，其数值（　　）。

    A. 与投资成正比，与工期成反比   B. 与工期成正比，与投资成反比

    C. 与投资和工期成正比   D. 与投资和工期成反比

15. 为避免对组织的效能产生最大的损害，项目监理机构的组织设计应遵循（　　）的原则。

    A. 集权与分权统一   B. 经济效益

    C. 专业分工与协作统一   D. 权责一致

16. 建设工程监理模式的选择与建设工程组织管理模式密切相关，以下关于监理模式的表述正确的是（　　）。

    A. 平行承发包模式条件下，业主委托一个监理单位监理时，要求被委托的监理单位的总监理工程师有较高的工程技术能力

    B. 平行承发包模式条件下，业主委托多个监理单位监理时，各监理单位之间的相互协作与配合需业主进行协调

    C. 设计或施工总分包模式条件下，业主分别按设计阶段和施工阶段委托监理单位进行实施阶段全过程的监理，有利于监理单位对设计阶段和施工阶段的工程投资、进度、质量控制统筹考虑

    D. 在项目总承包模式下，业主宜委托一家监理单位监理，也可按分包合同分别委托多家监理单位监理

17. 矩阵制监理组织形式的优点主要是（　　）。

    A. 权力集中，隶属关系明确   B. 命令统一，决策迅速

C. 发挥职能机构的专业管理作用　　　　　D. 机动性大，适应性好

18. 监理工作完成后，项目监理机构应向监理单位提交监理工作总结，其内容应包括（　　　）。
　　A. 委托监理合同履行情况概述　　　　　B. 监理工作的经验
　　C. 监理工作终结的说明　　　　　　　　D. 监理目标完成情况的评价

19. 在项目监理机构层次中，（　　　）主要由监理员、检查员等组成，具体负责监理活动的操作实施。
　　A. 决策层　　　　　B. 协调层　　　　　C. 执行层　　　　　D. 作业层

20. 下列协调工作中，属于项目监理机构内部需求关系协调工作的是（　　　）。
　　A. 成绩评价要实事求是
　　B. 抓住调度环节，协调各专业监理工程师的配合
　　C. 委任工作职责分明
　　D. 平衡监理人员使用计划

21. 建设工程施工完成以后，监理单位应（　　　）。
　　A. 组织工程竣工验收　　　　　　　　　B. 与建设单位一起组织竣工验收
　　C. 在正式验交前组织竣工预验收　　　　D. 与施工单位一起组织竣工验收

22. 在常用的项目监理机构组织形式中，（　　　）的特点是项目监理机构中任何一个下级只接受唯一上级的命令。
　　A. 职能制监理组织形式　　　　　　　　B. 直线职能制监理组织形式
　　C. 直线制监理组织形式　　　　　　　　D. 矩阵制监理组织形式

23. 下列对建设工程监理实施程序排列正确的是（　　　）。
　　A. 编制建设工程监理大纲、监理规划、监理细则，开展监理工作
　　B. 编制监理规划，成立项目监理机构，编制监理细则，开展监理工作
　　C. 编制监理规划，成立项目监理机构，开展监理工作，参加工程竣工验收
　　D. 成立项目监理机构，编制监埋规划，开展监理工作，向业主提交工程监理档案资料

24. 监理例会是由（　　　）主持，按一定程序召开的，研究施工中出现的计划、进度、质量及工程款支付等问题的工地会议。
　　A. 总监理工程师　　　B. 建设单位　　　C. 监理员　　　　　D. 总承包单位

25. 建设工程监理组织协调中，主要用于外部协调的方法是（　　　）。
　　A. 会议协调法　　　B. 交谈协调法　　　C. 书面协调法　　　D. 访问协调法

26. 监理单位组建项目监理机构时，在明确监理工作的内容后，下面应（　　　）。
　　A. 制订工作流程　　　　　　　　　　　B. 设计项目监理机构的组织结构
　　C. 确定项目监理机构目标　　　　　　　D. 制订信息流程

27. （　　　）是指一名上级管理人员所直接管理的下级人数。
　　A. 管理层次　　　B. 管理跨度　　　　C. 管理部门　　　　D. 管理职能

28. 组织设计确定各部门的职能，应使（　　　）的领导、检查、指挥灵活，达到指令传递

快、信息反馈及时。

    A. 横向   B. 管理人员   C. 纵向   D. 管理部门

29. 一方面总监理工程师掌握所有监理大权，各专业监理工程师只是其命令的执行者，另一方面各专业监理工程师在总监理工程师的授权下，在各自管理的范围内有足够的决策权，这主要体现的是项目管理机构组织设计的（　　　）原则。

    A. 专业分工与协作统一   B. 权责一致

    C. 管理跨度与管理层次统一   D. 集权与分权统一

30. "人尽其才，才得其用，用得其所"体现的是项目监理机构组织设计应考虑的（　　　）原则。

    A. 权责一致   B. 才职相称   C. 主观能动性   D. 要素有用性

31. 充分发挥相关因子的作用，是提高组织管理效应的有效途径，这是组织活动（　　　）原理的作用。

    A. 要素有用性   B. 动态相关性   C. 主观能动性   D. 规律效应性

32. 业主将工程建设任务发包给专门从事项目组织管理的单位，再由他分包给若干设计、施工和材料设备供应单位，并在实施中进行项目管理的模式是（　　　）。

    A. 平行承发包模式   B. 设计或施工总分包模式

    C. 项目总承包模式   D. 项目总承包管理模式

33. 项目总承包管理模式的主要优点是（　　　）。

    A. 有利于投资控制   B. 有利于择优选择承建单位

    C. 有利于质量控制   D. 有利于合同管理

34. 监理工程师对分包的确认工作是十分关键的问题，是指在（　　　）模式下的建设工程组织管理。

    A. 平行承发包   B. 设计或施工总分包

    C. 项目总承包   D. 项目总承包管理

35. 监理单位应在建设工程施工完成以后参加业主组织的工程竣工验收，签署（　　　）意见。

    A. 业主   B. 总监理工程师   C. 承包单位   D. 监理单位

36. 协调进行监理工作的前提和实现监理目标的重要保证是（　　　）。

    A. 工作的时序性   B. 职责分工的严密性

    C. 工作目标的确定性   D. 监理实施细则的指导性

37. 在（　　　）模式下，监理工程师需具备较全面的知识，做好合同管理工作。

    A. 平行承发包   B. 设计或施工总分包

    C. 项目总承包   D. 项目总承包管理

38. 可以按设计阶段和施工阶段委托监理的是（　　　）模式下的监理模式。

    A. 平行承发包   B. 设计或施工总分包

C. 项目总承包　　　　　　　　　　　D. 项目总承包管理

39. 建设工程监理实施中，总监理工程师负责制的核心是（　　）。
    A. 权力　　　　　B. 责任　　　　　C. 服务　　　　　D. 监督

40. 监理工程师应运用合理的技能谨慎而勤奋地工作，体现了建设工程监理实施的
    （　　）的原则。
    A. 公正、独立、自主　　　　　　　B. 权责一致
    C. 严格监理、热情服务　　　　　　D. 综合效益

41. 建设工程监理规划是开展工程监理活动的纲领性文件，当编制好建设工程监理规划
    后，监理单位应（　　）。
    A. 确定项目总监理工程师　　　　　B. 成立项目监理机构
    C. 开展监理工作　　　　　　　　　D. 制定各专业监理实施细则

42. 对内向监理单位负责，对外向业主负责的是（　　）。
    A. 项目经理　　　B. 项目监理机构　　C. 总监理工程师　　D. 专业监理工程师

43. 在委托监理合同实施中，监理单位应给总监理工程师充分的授权，来充分体现建设工
    程监理实施（　　）的原则。
    A. 权责一致　　　　　　　　　　　B. 总监理工程师负责制
    C. 严格监理、热情服务　　　　　　D. 公正、独立、自主

44. 监理工程师在建设工程监理中必须尊重科学、尊重事实，组织各方协同配合，维护有
    关各方的合法权益。为此，必须坚持（　　）的原则。
    A. 权责一致　　　　　　　　　　　B. 总监理工程师负责制
    C. 综合效益　　　　　　　　　　　D. 公正、独立、自主

45. 《建设工程监理规范》（GB/T 50319—2013）规定，项目总监理工程师应由具有
    （　　）以上同类工程监理工作经验的人员担任。
    A. 1 年　　　　　B. 2 年　　　　　C. 3 年　　　　　D. 5 年

46. 各级部门主管人员对所属部门的问题负责是（　　）监理组织形式的特点。
    A. 矩阵制　　　　B. 直线制　　　　C. 职能制　　　　D. 直线职能制

47. 直线制监理组织形式的特点是项目监理机构中（　　）。
    A. 应设职能部门
    B. 任何一个上级可命令指挥部门和职能部门
    C. 任何一个下级只接受唯一上级的命令
    D. 任何一个下级接受两个上级的命令

48. （　　）监理组织形式适用于能划分为若干相对独立的子项目的大、中型建设工程。
    A. 直线制　　　　B. 职能制　　　　C. 直线职能制　　　D. 矩阵制

49. 项目监理机构的总监理工程师代表，应处于（　　）。
    A. 决策层　　　　B. 协调层　　　　C. 操作层　　　　D. 执行层

50. 不属于总监理工程师职责的是（　　）。

    A. 组织编写监理工作专题报告　　　　　B. 参与编写监理月报

    C. 签发监理工作阶段报告　　　　　　　D. 组织编写并签发项目监理工作总结

51. 总监理工程师的职责不包括（　　）。

    A. 主持编写项目监理规划　　　　　　　B. 确定监理人员的分工和岗位职责

    C. 处理索赔　　　　　　　　　　　　　D. 编写项目监理机构的文件和指令

52. 《建设工程监理规范》（GB/T 50319—2013）规定，在施工阶段，专业监理工程师的职责是（　　）。

    A. 调整本专业监理人员　　　　　　　　B. 审核分部工程的质量检验评定资料

    C. 负责本专业分项工程验收　　　　　　D. 对重大问题及时向承包单位做出指示

53. 根据实际情况认为有必要时对进场材料、设备、构配件进行平行检验，合格时予以签认，是（　　）的职责。

    A. 总监理工程师　　　　　　　　　　　B. 专业监理工程师

    C. 总监理工程代表　　　　　　　　　　D. 监理员

54. 总监理工程师代表不可以实施的工作是（　　）。

    A. 审定技术方案　　　　　　　　　　　B. 签发工程竣工报验单

    C. 负责管理项目监理机构的日常工作　　D. 审定开工报告

55. 检查承包单位投入工程项目的人力、材料、主要设备及其使用、运行状况，并做好检查记录，是（　　）的职责。

    A. 总监理工程师　　　　　　　　　　　B. 总监理工程师代表

    C. 专业监理工程师　　　　　　　　　　D. 监理员

56. 复核或从施工现场直接获取工程计量的有关数据并签署原始凭证，是（　　）的职责。

    A. 总监理工程师　　　　　　　　　　　B. 总监理工程师代表

    C. 专业监理工程师　　　　　　　　　　D. 监理员

57. 在建设工程监理中，要保证项目的参与各方围绕建设工程开展工作，使项目目标顺利实现，（　　）工作最为重要，也最为困难。

    A. 监理规划　　　　B. 组织协调　　　　C. 信息沟通　　　　D. 人员安排

58. 在工程施工阶段，项目监理机构在质量控制方面应实行监理工程师（　　）制度，从而做好协调工作。

    A. 负责　　　　　　B. 组织协调　　　　C. 质量签字认可　　D. 质量验收

59. 分包合同发生的索赔问题，涉及总包合同中业主的义务和责任时，由总承包商向业主提出索赔，由（　　）进行协调。

    A. 总包项目经理　　　　　　　　　　　B. 分包项目经理

    C. 监理工程师　　　　　　　　　　　　D. 业主代表

60. 分包商在施工中发生的问题，由（　　）负责协调工作。

    A. 业主　　　　　　　　B. 总包商　　　　　　C. 监理机构　　　　　D. 总监理工程师

61. 监理例会的参加人一般不要求（　　）参加。

    A. 总监理工程师代表　　　　　　　　B. 承包商项目经理

    C. 专业监理工程师　　　　　　　　　D. 建设单位负责人

62. 专业性监理会议由（　　）主持召开。

    A. 总监理工程师　　　　　　　　　　B. 总监理工程师代表

    C. 专业监理工程师　　　　　　　　　D. 项目经理

63. 第一次工地会议由（　　）主持召开。

    A. 监理单位　　　　　　　　　　　　B. 建设单位

    C. 工程质量监督站　　　　　　　　　D. 总承包单位

64. 监理例会应由（　　）定期主持召开，宜每周召开一次。

    A. 项目经理　　　　　　　　　　　　B. 总监理工程师

    C. 建设单位　　　　　　　　　　　　D. 建设单位代表

65. 下列提法中能反映组织结构基本内涵的是（　　）。

    A. 主要解决组织中的工作流程设计　　B. 协调各个分离活动和任务的形式

    C. 管理层次与管理跨度协调统一　　　D. 组织结构要适合项目的特点

66. 建设工程监理组织设计是对（　　）的设计过程。

    A. 组织活动　　　　　　　　　　　　B. 组织结构

    C. 组织活动或组织结构　　　　　　　D. 组织活动和组织结构

67. 建设工程监理组织设计中，（　　）是指一名上级管理人员所直接管理的下级人数。

    A. 管理层次　　　　　B. 管理跨度　　　　　C. 管理部门　　　　　D. 管理职能

68. 在组织机构的设计过程中，当人数一定时，管理跨度与管理层次的关系是（　　）。

    A. 职能关系　　　　　B. 正比关系　　　　　C. 反比关系　　　　　D. 直线关系

69. 监理机构的组织活动效应并不等于机构内单个监理人员工作效应的简单相加，这体现了组织机构活动的（　　）原理。

    A. 动态相关性　　　　B. 要素有用性　　　　C. 主观能动性　　　　D. 规律效应性

70. 平行承发包模式的优点不包括（　　）。

    A. 有利于缩短工期　　　　　　　　　B. 有利于质量控制

    C. 有利于提高利润　　　　　　　　　D. 有利于业主选择承建单位

71. 与施工总分包模式相比，建设工程平行承发包模式的优点是（　　）。

    A. 有利于提高利润　　　　　　　　　B. 有利于投资控制

    C. 有利于缩短工期　　　　　　　　　D. 有利于合同管理

72. 下列属于项目总承包模式和项目总承包管理模式共同的优点是（　　）。

    A. 有利于投资控制　　　　　　　　　B. 合同关系简单

C. 有利于缩短建设周期　　　　　　　　　D. 合同价格较低

73. 对建设单位而言，项目总承包模式的主要缺点是（　　　）。
　　A. 招标发包工作难度大　　　　　　　　B. 不利于缩短建设工期
　　C. 组织协调工作量大　　　　　　　　　D. 不利于投资控制

74. 项目总承包模式具有的优点之一是（　　　）。
　　A. 合同关系简单，组织协调工作量小　　B. 业主择优选择承包商的范围较大
　　C. 有利于进度控制　　　　　　　　　　D. 有利于质量控制

75. 同时适用于平行承发包、设计或施工总分包、项目总承包模式的委托监理模式是业主（　　　）。
　　A. 按不同合同标段委托多家监理单位　　B. 按不同建设阶段委托监理单位
　　C. 委托一家监理单位　　　　　　　　　D. 委托多家监理单位

76. 下列要求中，不属于监理工作规范化要求的是（　　　）。
　　A. 工作的时序性　　　　　　　　　　　B. 职责分工的严密性
　　C. 完成目标的准确性　　　　　　　　　D. 工作目标的确定性

77. 在建设工程监理实施中，总监理工程师代表监理单位全面履行建设工程委托监理合同，承担合同中监理单位与业主方约定的监理责任与义务，因此，监理单位应给总监理工程师充分授权，这体现了（　　　）的监理实施原则。
　　A. 公平、公正　　　　　　　　　　　　B. 权责一致
　　C. 总监理工程师是责任主体　　　　　　D. 总监理工程师是权力主体

78. 建立项目监理机构的基本程序是（　　　）。
　　A. 任命总监理工程师，编制监理规划，制定工作流程
　　B. 签订监理合同，任命总监理工程师，确定监理机构目标，制定工作流程
　　C. 确定监理机构目标，确定监理工作内容，组织结构设计，制定工作流程和信息流程
　　D. 选择组织结构形式，确定管理层次与跨度，划分监理机构部门，制定考核标准

79. 进行项目监理机构的组织结构设计时，首先是选择组织结构形式，然后是（　　　）。
　　A. 划分项目监理机构部门　　　　　　　B. 确定管理层次和管理跨度
　　C. 制定岗位职责和考核标准　　　　　　D. 安排监理人员

80. 我国《建设工程监理规范》（GB/T 50319—2013）规定，项目总监理工程师应由具有（　　　）年以上同类工程监理工作经验的人员担任。
　　A. 1　　　　　　　B. 2　　　　　　　C. 3　　　　　　　D. 4

81. 直线制监理组织形式的主要特点是（　　　）。
　　A. 接受职能部门多头指挥，当指令矛盾时，将使直线指挥部门人员无所适从
　　B. 统一指挥、直线领导，但职能部门与指挥部门易产生矛盾
　　C. 具有较大的机动性和适应性，但纵横向协调工作量大
　　D. 组织机构简单、权力集中、命令统一、职责分明、隶属关系明确

82. 某工程项目监理机构具有统一指挥、职责分明、目标管理专业化的特点，则该项目监理机构的组织形式为（　　）。

A. 直线制　　　　B. 曲线制　　　　C. 直线职能制　　　　D. 矩阵职能制

83. 矩阵式监理组织形式的优点是（　　）。

A. 目标控制职能分工明确　　　　B. 权力集中、隶属关系明确

C. 加强了各职能部门横向联系　　　　D. 纵横向协调工作量小

84. 某监理单位承担了某项目土建工程的施工监理任务，已知该项目相关资料见下表，该监理单位配备监理人员时所依据的工程建设强度为（　　）。

内容	计划工期	合同价格	合计
土建工程	12 个月	6000 万元	
设备安装	4 个月（与土建工程搭接一个月）	3000 万元	

A. 750　　　　B. 600　　　　C. 500　　　　D. 400

85. 某工程的复杂程度等级评定如下。该工程复杂程度等级的评分应是（　　）分。影响因素权重评分 F1＝0.47，F2＝0.39，F3＝0.27，F4＝0.18，F5＝0.28，F6＝0.34，F7＝0.45，F8＝0.56，F9＝0.78，F10＝0.88。

A. 4.6　　　　B. 7.3　　　　C. 7.5　　　　D. 9.0

86. 施工阶段，按照《建设工程监理规范》（GB/T 50319—2013）的规定，项目总监理工程师可将（　　）工作委托总监理工程师代表。

A. 工程暂停令　　　　B. 审核签认竣工结算

C. 调配监理人员　　　　D. 主持或参与工程质量事故的调查

87. 按设计图及有关标准，对承包单位的工艺过程或施工工序进行检查和记录，对加工制作及工序施工质量检查结果进行记录，是（　　）的职责。

A. 总监理工程师　　　　B. 总监理工程师代表

C. 专业监理工程师　　　　D. 监理员

88. 下列职责中，属于总监理工程师职责的是（　　）。

A. 核查进场材料的质量证明文件及质量情况，并对合格者予以签认

B. 在专业监理工程师的指导下开展现场监理工作

C. 负责编制本专业的监理实施细则

D. 审查分包单位的资质，并提出审查意见

89. 在建设工程监理实施过程中，监理人员的配备、衔接和调度等事宜属于项目监理机构内部（　　）关系的协调。

A. 人际　　　　B. 组织　　　　C. 需求　　　　D. 计划

二、多项选择题

1. 组织应具有的基本含义为（　　）。

A. 目标是组织存在的前提　　　　　　　B. 组织中人员应分工协作

C. 组织是生产要素之一　　　　　　　　D. 组织中的人员应明确权力层次

E. 组织可用组织结构图表示

2. 建设工程监理组织设计中，组织构成的要素一般包括（　　　）四个方面。

A. 管理层次　　　　　　　　　　　　　B. 管理跨度

C. 管理部门　　　　　　　　　　　　　D. 管理职能

E. 管理系统

3. 建设工程监理在组织设计中，管理层次过多会造成（　　　）。

A. 人力浪费　　　　　　　　　　　　　B. 资源浪费

C. 指令走样　　　　　　　　　　　　　D. 指令失效

E. 信息传递慢

4. 项目监理机构的组织设计应遵循（　　　）等基本原则。

A. 集权与分权统一　　　　　　　　　　B. 专业分工与协作统一

C. 管理跨度与管理层次统一　　　　　　D. 严格监理与热情服务

E. 总监理工程师负责制

5. 建设工程监理，组织机构活动应遵循的原理是（　　　）。

A. 权责一致原理　　　　　　　　　　　B. 要素有用性原理

C. 主观能动性原理　　　　　　　　　　D. 规律效应性原理

E. 动态相关性原理

6. 平行发包模式下，进行任务分解与确定合同数量、内容时应考虑以下哪些因素？（　　　）

A. 工程情况　　　　　　　　　　　　　B. 市场情况

C. 资金状况　　　　　　　　　　　　　D. 贷款协议要求

E. 工人素质

7. 施工总分包模式的优点之一是有利于质量控制，其原因在于（　　　）。

A. 有分包单位的自控　　　　　　　　　B. 有总包单位的监督

C. 有监理单位的检查认可　　　　　　　D. 有合同约束与分包单位之间相互制约

E. 有监理单位监督与分包单位之间相互制约

8. 下列描述了各种建设工程组织管理模式的特点，合同关系简单的模式有（　　　）。

A. 项目总承包模式　　　　　　　　　　B. 项目总承包管理模式

C. 设计总分包模式　　　　　　　　　　D. 施工总分包模式

E. 平行承发包模式

9. 建设工程的监理模式中，只能委托一家监理单位进行监理的是（　　　）模式条件下的监理模式。

A. 平行承发包　　　　　　　　　　　　B. 设计总分包

C. 施工总分包　　　　　　　　　　　　D. 项目总承包

E. 项目总承包管理

10. 建设工程实行施工总分包时，被监理的单位可能包括（   ）。

   A. 设计总承包单位   B. 施工总承包单位

   C. 材料设备供应单位   D. 设计分包单位

   E. 施工分包单位

11. 建设工程监理实施的原则之一是严格监理、热情服务。这一原则的基本内涵有（   ）。

   A. 严格按照国家政策、法规、规范和标准控制建设工程目标

   B. 对工程建设承包单位严格监理、为业主提供热情服务

   C. 认真履行职责，不超越业主授予的权限

   D. 按委托监理合同的要求，多方位为业主提供服务

   E. 维护业主的正当权益

12. 建设工程监理的实施原则包括（   ）。

   A. 守法、诚信、公正、科学的原则   B. 公正、独立、自主的原则

   C. 严格监理、热情服务的原则   D. 管理跨度与管理层次统一的原则

   E. 综合效益的原则

13. 项目监理机构的组织结构设计的内容是（   ）。

   A. 制定信息流程   B. 选择组织结构形式

   C. 确定管理层次   D. 制定岗位职责

   E. 确定监理工作内容

14. 建设工程监理组织应选择适宜的结构形式，以适应监理工作的需要。组织结构形式选择的基本原则有（   ）。

   A. 有利于项目决策   B. 有利于目标规划

   C. 有利于合同管理   D. 有利于目标控制

   E. 有利于信息沟通

15. 影响项目监理机构人员数量的主要因素有（   ）。

   A. 工程复杂程度   B. 监理单位业务范围

   C. 监理人员专业结构   D. 监理人员技术职称结构

   E. 监理机构组织结构和任务职能分工

16. 确定项目监理机构人员数量的步骤包括（   ）。

   A. 确定工程建设强度和工程复杂程度

   B. 根据实际情况确定监理人员数量

   C. 确定项目监理机构的管理层次及管理跨度

   D. 测定、编制项目监理机构监理人员需要量定额

   E. 套用监理人员需要量定额

17. 总监理工程师在项目监理工作中的职责包括（   ）。

   A. 审查和处理工程变更   B. 审批项目监理实施细则

   C. 负责隐蔽工程验收   D. 主持整理工程项目的监理资料

E. 当人员需要调整时，向监理公司提出建议

18. 《建设工程监理规范》（GB/T 50319—2013）规定，在施工阶段，专业监理工程师的
    职责是（　　）。
    A. 组织、指导、检查和监督本专业监理员的工作
    B. 审核分部工程的质量检验评定资料
    C. 负责编制本专业的监理实施细则
    D. 对重大问题及时向承包单位做出指示
    E. 负责本专业监理工作的具体实施

19. 项目监理机构内部需求关系的协调主要包括对（　　）的平衡。
    A. 监理设备　　　　　　　　　　B. 监理资金
    C. 监理资料　　　　　　　　　　D. 监理时间
    E. 监理人员

20. BIM 的关键特性有（　　）。
    A. 可视化　　　　　　　　　　　B. 数字化
    C. 数量化　　　　　　　　　　　D. 优化性
    E. 模拟性

第10章　建设工程监理规划与监理实施细则

一、单项选择题

1. 编制监理规划的总负责人是（　　）。
   A. 注册监理工程师　　B. 专业监理工程师　　C. 总监理工程师　　D. 技术负责人

2. 工程建设监理主管机构监督、管理和指导监理单位开展监理活动的重要依据是（　　）。
   A. 监理规划　　　　　B. 监理实施细则　　　C. 监理大纲　　　　D. 监理文件

3. （　　）为项目监理机构今后开展监理工作指明了基本的方向。
   A. 监理大纲　　　　　B. 监理规划　　　　　C. 监理实施细则　　D. 监理月报

4. 下列表述中不正确的一项是（　　）。
   A. 监理单位编制监理大纲目的之一是承揽到监理工作
   B. 监理单位编制监理大纲目的之一是为今后开展监理工作制定基本的方案
   C. 监理实施细则的作用是指导本专业或本项目具体监理业务的开展
   D. 建设工程监理大纲、监理规划、监理实施细则互相关联，必须齐全，缺一不可，都是建设工程监理工作文件的组成部分

5. 对监理规划的编制应把握工程项目运行脉搏的要求是指（　　）。
   A. 监理规划的内容构成应当力求统一
   B. 监理规划的内容应当具有可操作性
   C. 监理规划的内容应随工程进展不断地补充完善
   D. 监理规划的编制应充分考虑其时效性

6. 下列不属于监理规划系列文件的是（　　）。
   A. 监理投标文件　　　B. 监理大纲　　　　　C. 监理规划　　　　D. 监理实施细则

7. 监理规划的编写是在（　　）。
   A. 监理合同签订前　　　　　　　　　　B. 监理工作程序确定后
   C. 监理合同签订后　　　　　　　　　　D. 以上答案都不对

8. 指导本专业或本子项目具体监理业务开展的是（　　）。
   A. 监理投标文件　　　B. 监理大纲　　　　　C. 监理规划　　　　D. 监理实施细则

9. 关于建设工程监理大纲、监理规划、监理实施细则三者之间关系，叙述不正确的是（　　）。
   A. 监理实施细则是在监理规划的基础上编写的
   B. 监理规划是在建设工程监理大纲的基础上编写的
   C. 建设工程监理大纲、监理规划、监理实施细则之间存在着明显的依据性关系

D. 建设工程监理大纲、监理规划、监理实施细则是相互独立和排斥的关系

10. 下列关于监理规划说法错误的是（   ）。

   A. 指导监理单位项目监理组织全面开展监理工作

   B. 监理规划是业主确认监理单位是否全面、认真履行工程建设监理委托合同的主要依据

   C. 监理规划是监理单位对外考核的依据和重要的存档资料

   D. 监理规划是工程建设监理主管机构监督、管理和指导监理单位开展监理活动的重要依据

11. 监理规划在（   ）报送建设单位。

   A. 签订监理合同前   B. 签订监理合同后

   C. 第一次工地会议前   D. 第一次工地会议后

12. 下列关于监理规划编写依据叙述错误的是（   ）。

   A. 工程建设的相关法律法规和标准   B. 建设工程外部环境调查研究资料

   C. 建设工程监理合同文件   D. 施工单位要求

13. 监理规划编写要求中，不符合监理规划内容应具有的特性的是（   ）。

   A. 针对性   B. 指导性   C. 可操作性   D. 独立性

14. 监理规划的基本内容不包括（   ）。

   A. 工程概况   B. 监理费用计算

   C. 人员配备及进退场计划   D. 监理工作依据

15. 下列属于立项阶段监理工作主要内容的是（   ）。

   A. 编制建设工程投资匡算   B. 编写设计要求文件

   C. 拟定和商谈设计委托合同内容   D. 向设计单位提供设计所需的基础资料

16. 下列不属于施工阶段监理工作主要内容的是（   ）。

   A. 对所有的隐蔽工程在进行隐蔽以前进行检查和办理签证

   B. 对重点工程要派监理人员驻点跟踪监理，签署重要的分项工程、分部工程和单位工程质量评定表

   C. 检查施工单位的工程自检工作，数据是否齐全，填写是否正确，并对施工单位质量评定自检工作作出综合评价

   D. 审查施工单位选择的分包单位的资质

17. 下列属于施工阶段进度控制的是（   ）。

   A. 监督施工单位严格按施工合同规定的工期组织施工

   B. 监督施工单位严格按照施工规范、设计图纸要求进行施工，严格执行施工合同

   C. 建立计量支付签证台账，定期与施工单位核对清算

   D. 施工单位不整改或不停止施工的，及时向有关部门报告

18. 下列施工阶段的投资控制叙述错误的是（   ）。

   A. 保证支付签证的各项工程质量合格、数量准确

B. 按业主授权和施工合同的规定审核变更设计

C. 合同执行情况的分析和跟踪管理

D. 审查施工单位申报的月、季度计量报表，认真核对其工程数量，不超计、不漏计，严格按合同规定进行计量支付签证

19. 关于监理规划，下列说法正确的是（　　）。

A. 监理规划在签订监理合同及收到工程设计文件后编写

B. 监理规划由编制专业监理工程师编写

C. 监理规划由总监理工程师审批后实施

D. 监理规划审核后在第一次工地会议后报送建设单位

20. 下列对监理规划审核的内容叙述错误的是（　　）。

A. 监理范围、工作内容及监理目标的审核

B. 派驻施工方人员的专业满足程度审核

C. 监理工作计划审核

D. 对安全生产管理监理工作内容的审核

21. 由专业监理工程师编写，并经总监理工程师批准，针对工程项目中某一专业或某一方面监理工作的操作性文件是（　　）。

A. 监理规划　　　　B. 监理实施细则　　　C. 监理大纲　　　D. 监理手册

22. 监理规划应在签订委托监理合同及收到设计文件后开始编制，完成后必须经监理单位（　　）审核批准，并应在召开第一次工地会议前报送建设单位。

A. 法定代表人　　　B. 技术负责人　　　C. 项目负责人　　　D. 总监理工程师

23. 监理规划是在（　　）的主持下编制，经监理单位技术负责人批准，用来指导项目监理机构全面开展监理工作的指导性文件。

A. 专业监理工程师　　　　　　　　B. 监理员

C. 总监理工程师　　　　　　　　　D. 见证员

24. 监理规划是指导（　　）项目监理组织全面开展监理工作。

A. 监理单位　　　　B. 施工单位　　　　C. 建设单位　　　　D. 设计单位

25. （　　）是工程建设监理主管机构对监理实施监督管理的重要依据。

A. 监理大纲　　　　B. 监理规划　　　　C. 监理实施细则　　　D. 监理月报

26. （　　）是工程建设监理主管机构监督、管理和指导监理单位开展监理活动的重要依据。

A. 监理大纲　　　　B. 监理实施细则　　　C. 监理月报　　　D. 监理规划

27. （　　）是监理单位内部考核的依据和重要的存档资料。

A. 监理大纲　　　　B. 监理实施细则　　　C. 监理月报　　　D. 监理规划

28. （　　）是监理规划的编写依据。

A. 监理大纲　　　　B. 监理实施细则　　　C. 监理月报　　　D. 监理规划

29. 监理规划是（　　）重要的存档资料。
    A. 施工单位　　　　　　B. 设计单位　　　　　C. 监理单位　　　　　D. 建设单位

30. 工程建设监理规划编写依据没有（　　）。
    A. 建设工程的相关法律、法规　　　　　　B. 政府批准的工程建设文件
    C. 工程建设监理合同　　　　　　　　　　D. 施工组织设计

31. 监理规划编写要求不包括（　　）。
    A. 监理规划的基本内容构成应当力求统一
    B. 监理规划的内容应具有针对性
    C. 监理规划编写的主持人和决策者应是专业监理工程师
    D. 监理规划的表达方式应当标准化、格式化

32. 工程建设监理规划的内容不包括（　　）。
    A. 工程项目概况　　　　　　　　　　　　B. 施工单位施工组织方案
    C. 监理设施　　　　　　　　　　　　　　D. 监理工作范围

33. 监理规划中工程项目概况不包括（　　）。
    A. 工程项目名称　　　　　　　　　　　　B. 建设单位
    C. 监理工作范围　　　　　　　　　　　　D. 工程规模

34. 监理规划审核的内容不包括（　　）。
    A. 监理范围、工作内容及监理目标　　　　B. 项目监理机构结构
    C. 工作计划　　　　　　　　　　　　　　D. 交通设施

35. 监理大纲属于监理工程师在（　　）阶段应收集的信息。
    A. 竣工保修期　　　　B. 施工期　　　　　C. 项目决策　　　　　D. 施工准备期

36. 监理实施细则是在（　　）的基础上，根据建设工程实际情况对各项监理工作具体实施和操作要求的具体化、详细化。
    A. 监理大纲　　　　B. 监理投标文件　　　C. 施工组织设计　　　D. 监理规划

37. 下列叙述不属于监理实施细则的作用的是（　　）。
    A. 建设工程监理工作实施的技术依据
    B. 落实实施建设工程计划，规范建设工程施工行为
    C. 明确专业分工和职责，协调各类施工过程中的矛盾
    D. 监理单位内部考核的依据和重要的存档资料

38. 采用新材料、新工艺、新技术、新设备的工程，以及专业性较强、危险性较大的分部分项工程，应编制（　　）。
    A. 监理实施细则　　　B. 监理规划　　　　C. 监理大纲　　　　　D. 以上答案都不对

39. 以下各项不属于《建设工程监理规范》（GB/T 50319—2013）规定的监理实施细则编写依据的是（　　）。
    A. 已批准的监理规划　　　　　　　　　　B. 工程建设标准、设计等技术文件

C. 施工组织设计、（专项）施工方案 D. 投标文件

40. 监理实施细则可随工程进展编制，但应在相应工程开始前由（   ）编制完成。
    A. 专业监理工程师 B. 监理员
    C. 总监理工程师 D. 见证员

41. 监理实施细则编制完成后应由（   ）审批后实施。
    A. 专业监理工程师 B. 建设单位技术负责人
    C. 总监理工程师 D. 监理单位技术负责人

42. 下列不属于《建设工程监理规范》（GB/T 50319—2013）明确规定的监理实施细则包含的内容的是（   ）。
    A. 专业工程特点 B. 监理工作流程
    C. 监理工作方法及措施 D. 监理工作制度

43. 项目监理机构应编制监理实施细则，以达到规范监理工作行为的目的，下列说法错误的是（   ）。
    A. 中型及以上工程项目应编制监理实施细则
    B. 采用新材料、新工艺、新技术、新设备的工程应编制监理实施细则
    C. 专业性较强的分部分项工程可不编制监理实施细则
    D. 危险性较大的分部分项工程应编制监理实施细则

44. 根据监理实施细则编写要求，下列说法错误的是（   ）。
    A. 监理实施细则应符合监理大纲的要求，并应结合工程专业特点，做到详细具体、具有可操作性
    B. 在监理工作实施过程中，监理实施细则要根据实际情况进行补充、修改和完善
    C. 监理实施细则应有可行的操作方法、措施，详细、明确的控制目标值和全面的监理工作计划
    D. 监理工作包括"二控两管一协调"与安全生产管理的监理工作，监理实施细则作为指导监理工作的操作性文件应涵盖这些内容

45. 下列不属于监理工作措施中技术措施的是（   ）。
    A. 根据该分项工程工艺和施工特点，对项目监理机构人员进行合理分工
    B. 组织所有监理人员全面阅读图纸等技术文件，提出书面意见，参加设计交底，制定详细的监理实施细则
    C. 详细审核施工单位提交的施工组织设计
    D. 严格审查施工单位现场质量管理体系的建立和实施

46. 根据《建设工程监理规范》（GB/T 50319—2013）规定，下列有关监理规划内容描述错误的是（   ）。
    A. 工程质量控制、工程投资控制、工程进度控制
    B. 安全生产管理的监理工作
    C. 人员配备及进场计划

D. 监理人员岗位职责

47. 根据《建设工程监理规范》（GB/T 50319—2013）规定，下列有关监理规划内容描述错误的是（　　）。

A. 合同与信息管理　　　　　　　　B. 组织协调

C. 施工检测设备　　　　　　　　　D. 监理工作的范围、内容、目标

48. 下列选项中属于施工阶段监理工作主要内容的是（　　）。

A. 对重点工程部位的中线、水平控制进行复查

B. 审查施工单位上报的实施性施工组织设计

C. 审查施工单位选择的分包单位的资质

D. 对施工测量、放样等进行检查，对发现的质量问题应及时通知施工单位纠正，并做好监理记录

49. 下列关于工程质量控制目标的描述错误的是（　　）。

A. 施工质量控制目标　　　　　　　B. 年度、季度进度目标

C. 设备及设备安装质量控制目标　　D. 质量目标实现的风险分析

50. 下列叙述属于工程进度控制工作内容的是（　　）。

A. 进行进度目标实现的风险分析，制定进度控制的方法和措施

B. 定期进行工程计量、复核工程进度款申请，签署进度款付款签证

C. 建立月完成工程量统计表、对实际完成量与计划完成量进行比较分析，发现偏差的，应提出调整建议，并报告建设单位

D. 熟悉施工合同及约定的计价规则，复核、审查施工图预算

51. 下列叙述属于工程投资控制的经济措施的是（　　）。

A. 按合同条款支付工程款，防止过早、过量的支付

B. 减少施工单位的索赔，正确处理索赔事宜等

C. 对材料、设备采购，通过质量价格比选，合理确定生产供应单位

D. 及时进行计划费用与实际费用的分析比较

52. 下列不属于施工阶段项目监理机构现场监理工作制度的是（　　）。

A. 图纸会审及设计交底制度　　　　B. 施工组织设计审核制度

C. 工程开工、复工审批制度　　　　D. 项目监理机构人员岗位职责制度

53. 当工程发生变化导致监理实施细则所确定的工作流程、方法和措施需要调整时，（　　）应对监理实施细则进行补充、修改。

A. 专业监理工程师　　　　　　　　B. 监理员

C. 总监理工程师　　　　　　　　　D. 监理单位技术负责人

54. （　　）中的方法是针对工程总体概括要求的方法和措施，（　　）中的监理工作方法和措施是针对专业工程而言，应更具体、更具有可操作性和可实施性。

A. 监理大纲　监理规划　　　　　　B. 监理大纲　监理实施细则

C. 监理规划　监理实施细则　　　　D. 监理实施细则　监理规划

55. 业主在监理招标时应以（　　）的水平作为评定工程监理企业投标书优劣的重要内容。
　　A. 监理费用　　　　　B. 监理规划　　　　　C. 监理细则　　　　　D. 监理大纲

56. 监理大纲、监理规划及监理实施细则的编制依据关系为（　　）。
　　A. 监理大纲是监理规划编制的依据
　　B. 监理实施细则是监理大纲的编制依据
　　C. 监理实施细则是监理规划的编制依据
　　D. 监理规划是监理大纲的编制依据

57. 监理大纲、监理规划及监理实施细则之间的关系描述错误的是（　　）。
　　A. 监理大纲是监理规划的编制依据
　　B. 监理实施细则是监理大纲的编制依据
　　C. 监理规划是监理实施细则的编制依据
　　D. 监理大纲、监理规划及监理实施细则之间存在依据性关系

58. 关于专项施工方案的编制，下列叙述错误的是（　　）。
　　A. 实行施工总承包的，专项施工方案应当由施工总承包单位组织编制
　　B. 实行施工总承包的，专项施工方案应当由施工总承包单位技术负责人及相关专业分包单位技术负责人签字
　　C. 对于超过一定规模的危险性较大的分部分项工程专项方案应当由施工单位组织召开专家论证会
　　D. 起重机械安装拆卸工程、深基坑工程、附着式升降脚手架等专业工程实行分包的，其专项施工方案也应由总承包单位组织编制

59. 监理规划应在签订建设工程监理合同及收到工程设计文件后由总监理工程师组织编制，并应在召开第一次工地会议（　　）天前报建设单位。
　　A. 1　　　　　　　　B. 3　　　　　　　　C. 5　　　　　　　　D. 7

60. 下列各项中不属于建设工程监理规划系列文件的是（　　）。
　　A. 监理规划　　　　　B. 监理大纲　　　　　C. 监理月报　　　　　D. 监理实施细则

二、多项选择题

1. 下列属于《建设工程监理规范》（GB/T 50319—2013）明确规定的监理实施细则内容的有（　　）。
　　A. 专业工程特点　　　　　　　　　　B. 监理工作流程
　　C. 施工工作要点　　　　　　　　　　D. 监理工作方法及措施
　　E. 施工组织设计

2. 监理规划中应明确的工程进度控制措施有（　　）。
　　A. 建立多级网络计划体系　　　　　　B. 严格审核施工组织设计
　　C. 建立进度控制协调制度　　　　　　D. 按施工合同及时支付合同款

E. 监控施工单位实施作业计划

3. 根据《建设工程监理规范》(GB/T 50319—2013)，监理实施细则应包含的内容有 （　　）。
   A. 监理组织形式
   B. 监理工作流程
   C. 监理工作方法及措施
   D. 监理工作要点
   E. 专业工程特点

4. 下列工作流程中，监理工作涉及的有 （　　）。
   A. 分包单位招标选择流程
   B. 质量三检制度落实流程
   C. 隐蔽工程验收流程
   D. 质量问题处理审核流程
   E. 开工审核工作流程

5. 下列制度中，属于项目监理机构内部工作制度的有 （　　）。
   A. 施工备忘录签发制度
   B. 施工组织设计审核制度
   C. 监理工作日志制度
   D. 工程变更处理制度
   E. 监理业绩考核制度

6. 根据《建设工程监理规范》(GB/T 50319—2013)，属于监理规划主要内容的有 （　　）。
   A. 安全生产管理制度
   B. 监理工作制度
   C. 监理工作设施
   D. 工程造价控制
   E. 工程进度计划

7. 建设工程监理规划系列文件是指 （　　）。
   A. 监理合同签订以后编制的监理规划
   B. 监理单位投标时编制的监理大纲
   C. 监理过程中形成的监理月报
   D. 专业监理工程师编制的监理实施细则
   E. 监理通知

8. 根据措施实施内容的不同，可将监理工作措施分为 （　　）。
   A. 技术措施
   B. 组织措施
   C. 经济措施
   D. 预防性措施
   E. 合同措施

9. 下面属于监理规划审核内容的有 （　　）。
   A. 监理范围、工作内容及监理目标的审核
   B. 项目监理机构的审核
   C. 工作计划的审核
   D. 工程质量、造价、进度控制方法的审核
   E. 监理工作流程、监理工作要点的审核

10. 下面关于监理规划与监理实施细则说法正确的是 （　　）。
    A. 监理规划由专业监理工程师编写，总监批准后实施
    B. 监理规划由总监理工程师编写后实施
    C. 监理细则由总监理工程师批准后实施
    D. 监理细则由专业监理工程师编写
    E. 监理规划由中标监理企业技术负责人批准后实施

11. 下面关于监理规划与监理实施细则说法正确的是（　　）。

A. 监理规划编写要求监理规划的基本内容构成应当力求统一

B. 监理规划应由总监理工程师组织编制

C. 监督施工单位严格按照施工规范、设计图纸要求进行施工，严格执行施工合同是施工阶段监理工作的主要内容

D. 《建设工程监理规范》（GB/T 50319—2013）明确规定了监理实施细则应包含的内容，即：专业工程特点、施工工作要点、施工工作方法及措施

E. 监理实施细则由专业监理工程师编制完成后，需要报总监理工程师批准后方能实施

12. 根据《建设工程监理规范》（GB/T 50319—2013）规定，监理机构的人员岗位职责包括（　　）。

A. 总监理工程师岗位职责

B. 总监理工程师代表岗位职责（若设置总监理工程师代表）

C. 专业监理工程师的岗位职责

D. 监理员岗位职责

E. 总工程师岗位职责

13. 工程质量、投资、进度三大目标控制的具体措施均包含（　　）。

A. 组织措施　　　　B. 技术措施　　　　C. 经济措施　　　　D. 合同措施

E. 安全生产管理措施

14. 下列关于建设工程监理实施细则内容叙述正确的有（　　）。

A. 专业工程特点是指需要编制监理实施细则的工程专业特点，而不是简单的工程概述

B. 监理工作流程是结合工程相应专业制定的具有可操作性和可实施性的流程图

C. 监理实施细则中的方法是针对工程总体概括要求的方法和措施

D. 根据措施实施内容不同，可将监理工作措施分为技术措施、经济措施、组织措施和合同措施

E. 监理规划中的监理工作方法和措施是针对专业工程而言，应更具体、更具有可操作性和可实施性

15. 下列监理实施细则的审核叙述正确的是（　　）。

A. 监理实施细则由总监理工程师组织编制完成后，需要报建设单位技术负责人批准后方能实施

B. 监理实施细则的审核内容包含审核监理实施细则的编制是否符合监理规划的要求

C. 监理实施细则的审核内容包含审核监理的目标、范围和内容是否与监理合同和监理规划相一致

D. 监理实施细则的审核内容包含审核监理工作措施是否具有针对性、可操作性、安全可靠，是否能确保监理目标的实现等

E. 监理实施细则的审核内容包含审核监理工作流程是否完整、翔实，节点检查验收的内容和要求是否明确

参 考 答 案

第 1 章

一、单项选择题

1. A	2. A	3. C	4. B	5. C	6. C	7. B	8. B	9. A	10. A
11. D	12. D	13. C	14. C	15. D	16. A	17. D	18. B	19. A	20. D
21. A	22. A	23. B	24. D	25. C	26. D	27. C	28. C	29. B	30. C
31. A	32. B	33. B	34. C	35. D	36. D	37. A	38. D	39. D	40. A
41. C	42. A	43. D	44. C	45. D	46. C	47. C	48. A	49. A	50. A
51. B	52. C	53. D	54. A	55. A	56. A	57. D	58. B	59. D	60. C
61. B	62. A	63. D	64. A	65. D	66. B	67. A	68. D	69. D	70. C
71. A	72. C	73. D	74. B	75. A	76. B	77. B	78. D	79. A	80. B
81. B	82. B	83. A	84. C	85. B	86. D	87. A	88. D	89. A	90. D
91. C	92. D	93. B	94. D	95. D	96. B	97. D			

二、多项选择题

1. ABD	2. BDE	3. BC	4. ABCD	5. BC
6. BCE	7. AD	8. DE	9. ABE	10. ABD
11. BD	12. ABDE	13. ACD	14. ADE	15. BDE
16. ABC	17. ABD	18. ABC	19. ACD	20. ABCD
21. AD	22. ABD	23. ACD	24. BE	25. BCD
26. BE	27. BC	28. BE	29. ABDE	30. BDE
31. AD	32. ABCDE	33. ABE	34. ABDE	35. ACD
36. ACE	37. DE	38. BCE	39. BD	40. BCE
41. ACD	42. AC	43. ACD	44. AD	45. AC
46. ABDE	47. ABCE	48. ABD	49. BC	50. BCE
51. ABDE	52. BCDE	53. ABCD	54. ABCE	55. ABDE
56. BCDE	57. ABDE	58. ABCD	59. ABE	60. ABDE
61. ABDE	62. ABCD	63. ACD	64. ABCD	65. BD
66. ACD	67. ABCE	68. AC	69. ACDE	70. ACD
71. ABCE	72. CE	73. ABCE	74. ACD	75. BCE
76. ABDE	77. ABD	78. CDE	79. CD	80. ADE
81. AC	82. ACE	83. BC	84. BCDE	85. BCDE
86. ABC	87. ACDE	88. BCD	89. ABC	90. ABCD

第 2 章

一、单项选择题

1. C	2. C	3. B	4. C	5. B	6. B	7. B	8. D	9. B	10. A
11. B	12. B	13. D	14. B	15. A	16. D	17. C	18. C	19. B	20. D
21. C	22. D	23. B	24. B	25. C	26. B	27. C	28. A	29. D	30. D
31. D	32. D	33. B	34. D	35. A	36. C	37. C	38. B	39. B	40. B
41. D	42. A	43. C	44. B	45. C	46. C	47. C	48. A	49. B	50. B
51. D	52. A	53. C	54. A	55. B					

二、多项选择题

1. BCD	2. ABD	3. BCDE	4. ACDE	5. ABCD
6. ADE	7. ABD	8. BCE	9. AC	10. ACD
11. ABC	12. ACE	13. ACD	14. BDE	15. CDE
16. AC	17. ACDE	18. ADE	19. AB	20. BCDE
21. ACDE	22. BDE	23. ACE	24. BCDE	25. ACE
26. BDE	27. BCDE	28. ABCE	29. ACDE	30. AB
31. DE	32. ABC	33. ABD	34. CDE	35. ACDE
36. ABCD	37. ABCE	38. CDE		

第 3 章

一、单项选择题

1. A	2. A	3. C	4. D	5. D	6. A	7. C	8. B	9. D	10. A
11. C	12. A	13. B	14. C	15. A	16. C	17. D	18. A	19. A	20. D
21. B	22. B	23. A	24. C	25. D	26. B	27. B	28. C	29. C	30. A
31. D	32. D	33. C	34. A	35. C	36. B	37. C	38. D	39. B	40. D
41. B	42. A	43. B	44. D	45. B	46. D	47. D	48. A	49. C	50. A
51. A	52. C	53. D	54. A	55. B	56. A	57. D	58. B	59. C	60. A
61. C	62. C	63. D	64. C	65. C	66. A	67. D	68. B	69. C	70. A
71. C	72. D	73. B	74. B	75. D	76. A	77. A	78. B	79. D	80. B
81. C	82. C	83. A	84. B	85. D	86. C	87. A	88. C	89. A	90. D
91. A	92. D	93. C	94. B	95. C	96. A	97. D	98. D	99. D	100. C
101. D	102. D	103. B	104. C	105. C	106. D	107. A	108. C	109. A	110. B
111. A	112. D	113. A	114. C	115. C	116. D	117. A	118. C	119. D	120. A
121. B	122. C	123. C	124. A	125. D	126. B	127. A	128. D	129. B	130. C
131. A	132. D	133. D	134. C	135. B	136. B	137. C	138. C	139. B	140. C

141. B	142. B	143. A	144. A	145. A	146. C	147. B	148. C	149. A	150. C
151. A	152. B	153. A	154. C	155. A	156. C	157. D	158. B	159. B	160. C
161. B	162. C	163. C	164. B	165. A	166. B	167. B	168. D	169. B	170. D
171. C	172. B	173. B	174. A	175. C	176. A	177. A	178. B	179. B	

二、多项选择题

1. BC	2. ABD	3. DE	4. CE	5. ABC
6. ABCE	7. AE	8. BCDE	9. ABCE	10. ACDE
11. BD	12. AB	13. AE	14. ABCE	15. CDE
16. AC	17. AD	18. ABCE	19. ABCD	20. ADE
21. ABCD	22. BCDE	23. ABC	24. ACD	25. ACD
26. ACDE	27. ABE	28. ABD	29. CE	30. ABE
31. CD	32. ABD	33. BC	34. CE	35. AC
36. BCDE	37. ABCD	38. BD	39. BCDE	40. CD
41. CDE	42. AE	43. BDE		

第 4 章

一、单项选择题

1. A	2. A	3. B	4. B	5. C	6. D	7. C	8. D	9. C	10. A
11. B	12. B	13. C	14. A	15. C	16. A	17. B	18. B	19. B	20. C
21. C	22. D	23. D	24. B	25. B	26. B	27. A	28. B	29. B	30. C
31. C	32. C	33. B	34. B	35. C	36. D	37. A	38. A	39. A	40. C
41. A	42. A	43. C	44. B	45. B	46. D	47. A	48. D	49. B	50. C
51. B	52. A	53. A	54. C	55. B	56. C	57. C	58. C	59. D	60. B
61. D	62. B	63. D	64. A	65. B	66. B	67. C	68. D	69. A	70. A
71. D	72. B	73. B	74. B	75. A	76. A	77. C	78. B	79. C	80. A
81. B	82. A	83. B	84. A	85. B	86. D	87. B	88. D	89. C	90. D
91. B	92. C	93. C	94. C	95. A	96. D	97. D	98. D	99. D	100. A
101. D	102. A	103. B	104. C	105. D	106. B	107. A	108. B	109. D	110. D
111. A	112. C	113. A	114. A	115. C	116. B	117. D	118. D	119. B	120. C
121. A	122. C	123. C	124. B	125. C	126. B	127. A	128. B	129. C	130. C
131. B	132. A	133. C	134. C	135. C	136. D	137. A	138. B	139. D	140. B
141. B	142. D	143. B	144. D	145. C	146. B	147. C	148. D	149. D	150. A
151. C	152. C	153. A	154. A	155. C	156. B	157. C	158. D	159. B	160. B
161. D	162. D	163. B	164. D	165. C	166. B	167. B	168. D	169. B	170. D
171. A	172. C	173. C	174. B	175. A	176. B	177. B	178. A	179. B	180. A

181. D	182. A	183. C	184. A	185. C	186. C	187. D	188. D	189. A	190. A
191. A	192. C	193. B	194. A	195. A	196. C	197. D	198. C	199. A	200. A
201. A	202. B	203. D	204. C	205. A	206. C	207. A	208. C	209. D	210. A
211. C	212. A	213. B	214. B	215. B					

二、多项选择题

1. CD	2. BCE	3. ABDE	4. ACDE	5. BDE
6. BDE	7. AC	8. BC	9. ADE	10. ADE
11. CD	12. BCD	13. ABC	14. ACD	15. ABCD
16. ABCD	17. CD	18. ABC	19. ABD	20. ABCD
21. CDE	22. ABDE	23. CD	24. ABDE	25. BD
26. ACD	27. BCD	28. ABDE	29. ABCD	30. ABCE
31. ABCD	32. ABCD	33. ABCD	34. ACD	35. ACDE

第 5 章

一、单项选择题

1. D	2. C	3. C	4. D	5. B	6. A	7. B	8. A	9. C	10. B
11. B	12. A	13. C	14. C	15. D	16. D	17. A	18. D	19. C	20. A
21. C	22. A	23. D	24. D	25. A	26. D	27. B	28. B	29. C	30. C
31. D	32. B	33. B	34. C	35. D	36. B	37. C	38. B	39. D	40. D
41. B	42. D	43. A	44. B	45. D	46. C	47. C	48. D	49. B	50. B
51. B	52. C	53. C	54. A	55. B	56. D	57. B	58. A	59. B	60. D
61. B	62. C	63. C	64. A	65. B	66. D	67. B	68. A	69. B	70. D
71. D	72. C	73. A	74. A	75. D	76. A	77. A	78. B	79. C	80. A
81. B	82. D	83. D	84. D	85. C	86. A	87. C	88. C	89. A	90. B
91. C	92. D	93. C	94. B	95. A	96. A	97. B	98. B	99. B	100. C
101. C	102. D	103. B	104. A	105. A	106. D	107. C	108. A	109. C	110. D
111. B	112. A	113. A	114. B	115. D	116. D	117. D	118. B	119. A	120. B
121. A	122. A	123. B	124. D	125. B	126. C	127. B	128. A	129. C	130. D
131. C	132. B	133. B	134. A	135. D	136. B	137. C	138. B	139. C	140. D
141. B	142. C	143. C	144. D	145. D	146. B	147. C	148. A	149. D	150. C
151. D	152. A	153. D	154. A	155. A	156. D	157. C	158. D	159. C	160. A
161. D	162. A	163. C	164. A	165. B	166. B	167. A	168. D	169. B	170. D
171. C	172. B	173. D	174. A	175. D	176. D	177. A	178. C	179. B	180. A
181. C	182. D	183. D	184. D						

二、多项选择题

1. CDE	2. BCD	3. BCDE	4. BDE	5. ACD
6. AD	7. BE	8. AC	9. ABE	10. ACDE
11. BDE	12. ABDE	13. ACE	14. DE	15. ACDE
16. BD	17. BD	18. DE	19. ACE	20. ADE
21. ABC	22. ABC	23. ABCE	24. ABCD	25. ABC
26. ABC	27. CD	28. AC	29. BDE	30. ABDE
31. ABD				

第 6 章

一、单项选择题

1. D	2. D	3. B	4. C	5. D	6. D	7. B	8. B	9. D	10. D
11. B	12. B	13. B	14. D	15. B	16. C	17. B	18. A	19. C	20. A
21. B	22. A	23. D	24. C	25. C	26. D	27. C	28. B	29. D	30. C
31. D	32. D	33. D	34. A	35. B	36. C	37. A	38. B	39. B	40. C
41. D	42. D	43. D	44. A	45. B	46. D	47. B	48. D	49. A	50. D
51. A	52. A	53. D	54. C	55. C	56. B	57. B	58. C	59. C	60. C
61. A	62. D	63. A	64. D	65. C	66. D	67. C	68. C	69. C	70. C
71. B	72. A	73. D	74. C	75. B					

二、多项选择题

1. ABCD	2. ABCD	3. ABCD	4. ABC	5. BCE
6. ABCD	7. ABCD	8. ABCDE	9. BCDE	10. ABCDE
11. ABCD	12. BCD	13. CDE	14. ABC	15. ABD
16. ABCE	17. ABDE	18. BC	19. ACD	20. ABC
21. ABE	22. ABC	23. ABCD	24. ACDE	25. ABCD
26. CD	27. ABCD	28. ABCE	29. BCE	30. BCE
31. ABCD	32. BDE	33. ABCD	34. AB	35. ABCD
36. BCD	37. BC	38. BCE	39. ABDE	40. ABCD
41. ACD	42. ABCD	43. ABDE	44. ACE	45. BC
46. BCDE	47. BCDE	48. ABCD	49. AB	

第7章

一、单项选择题

1. A	2. B	3. C	4. A	5. C	6. D	7. B	8. B	9. C	10. D
11. C	12. C	13. B	14. B	15. D	16. A	17. C	18. B	19. A	20. A
21. B	22. C	23. A	24. C	25. D	26. C	27. B	28. B	29. B	30. A
31. C	32. A	33. A	34. C	35. D	36. D	37. A	38. A	39. D	40. B
41. C	42. C	43. C	44. A	45. B	46. A	47. A	48. C	49. B	50. B
51. A	52. B	53. B	54. B	55. C	56. B	57. C	58. C	59. D	60. C
61. D	62. B	63. A	64. D	65. C	66. B	67. A	68. B	69. C	70. A
71. C	72. C	73. A	74. C	75. B	76. B	77. C	78. B	79. B	80. A
81. C	82. C	83. B	84. C	85. C	86. B	87. C	88. B	89. D	90. A
91. D	92. C	93. C	94. B	95. A	96. D	97. D	98. A	99. D	100. D
101. A	102. A	103. B	104. D	105. D	106. D	107. B	108. A	109. C	110. C
111. C	112. C	113. A	114. A	115. A	116. B	117. D	118. C	119. C	120. D
121. B	122. A	123. A	124. B	125. A	126. B	127. D	128. C	129. D	130. D
131. C	132. B	133. C	134. B	135. D	136. D	137. A	138. C	139. D	140. A
141. D	142. C	143. C	144. C	145. C	146. C	147. A			

二、多项选择题

1. ADE	2. ABC	3. AD	4. BCD	5. BE
6. ACD	7. ABCD	8. BCD	9. BCE	10. BCDE
11. BC	12. CD	13. ACD	14. DE	15. ABDE
16. ABC	17. ABC	18. ABCDE	19. AB	20. ABD
21. ABCD	22. BC	23. ABCD	24. AB	25. AD
26. ABCD	27. BCDE	28. BCE	29. BCE	30. ABD
31. AB	32. BCD	33. BC	34. ACDE	35. ABE
36. ABDE	37. BD	38. BCE	39. ABC	40. ABC
41. DE	42. CD	43. ADE	44. ACE	45. AB
46. ABCD	47. BCD	48. ABDE	49. ACE	

第8章

一、单项选择题

1. A	2. D	3. B	4. C	5. B	6. D	7. A	8. A	9. A	10. C
11. D	12. B	13. A	14. C	15. D	16. B	17. C	18. C	19. B	20. D

21. A	22. C	23. D	24. A	25. A	26. B	27. B	28. D	29. C	30. B
31. B	32. D	33. B	34. A	35. B	36. A	37. C	38. B	39. A	40. D
41. B	42. A	43. B	44. C	45. A	46. B	47. B	48. D	49. A	50. B
51. A	52. B	53. D	54. A	55. A	56. D	57. D	58. D	59. A	60. A
61. C	62. B	63. A	64. B	65. C	66. B	67. C	68. C	69. C	70. D
71. D	72. C	73. A	74. C	75. B	76. B	77. C	78. B	79. D	80. C
81. B	82. B	83. C	84. A	85. D	86. B	87. C	88. D	89. B	90. D
91. B	92. B	93. C	94. B	95. B	96. B	97. C	98. B	99. A	100. C
101. C	102. B	103. D	104. C	105. B	106. D	107. D	108. C	109. C	110. C
111. D	112. A	113. A	114. D	115. C	116. B	117. B	118. A	119. B	120. B
121. C									

二、多项选择题

1. ABDE	2. ABCF	3. ABEF	4. CDE	5. DEF
6. ABCD	7. ABE	8. ABCE	9. BCDE	10. CDE
11. ACE	12. BCD	13. ABCE	14. BCD	15. ABCDE

第9章

一、单项选择题

1. A	2. C	3. B	4. A	5. C	6. D	7. A	8. B	9. A	10. C
11. D	12. C	13. B	14. D	15. D	16. A	17. D	18. B	19. D	20. B
21. D	22. B	23. C	24. C	25. D	26. A	27. D	28. B	29. B	30. C
31. D	32. B	33. B	34. D	35. D	36. D	37. D	38. B	39. C	40. B
41. B	42. C	43. D	44. C	45. A	46. D	47. C	48. D	49. C	50. A
51. A	52. B	53. D	54. C	55. B	56. B	57. D	58. D	59. B	60. C
61. C	62. B	63. C	64. B	65. B	66. D	67. B	68. C	69. A	70. C
71. C	72. B	73. A	74. A	75. C	76. C	77. B	78. C	79. B	80. C
81. D	82. C	83. C	84. C	85. A	86. D	87. D	88. D	89. C	

二、多项选择题

1. ABD	2. ABCD	3. ABCE	4. ABC	5. BCDE
6. ABD	7. ABC	8. AB	9. DE	10. BCE
11. ABDE	12. BCE	13. BCD	14. CDE	15. AE
16. ABDE	17. ABD	18. ACE	19. AE	20. ABC

第 10 章

一、单项选择题

1. C	2. A	3. B	4. D	5. C	6. A	7. C	8. D	9. D	10. C
11. C	12. D	13. D	14. B	15. A	16. D	17. A	18. C	19. A	20. B
21. B	22. B	23. C	24. A	25. B	26. D	27. D	28. A	29. C	30. D
31. C	32. B	33. C	34. D	35. C	36. D	37. D	38. A	39. D	40. A
41. C	42. D	43. C	44. A	45. A	46. C	47. C	48. D	49. B	50. A
51. D	52. D	53. A	54. C	55. D	56. A	57. B	58. D	59. D	60. C

二、多项选择题

1. ABD	2. ACE	3. BCDE	4. CDE	5. CE
6. BCD	7. ABD	8. ABCE	9. ABCD	10. CDE
11. ABCE	12. ABCD	13. ACD	14. ABD	15. BCDE